Lk 4 487

ANALYSE DE 80 MÉMOIRES

SUR

L'ENCOURAGEMENT ROYAL,

À l'Agriculture, aux Manufactures et au Commerce,

Comprenant la Topographie, la Géologie, la Minéralogie, la Population, l'Homme physique, l'Hygiène, l'état Sanitaire, l'Antiquité, l'Archéologie, les Mœurs des habitans du littoral, etc., etc.; applaudis par le Gouvernement, flattés des suffrages des Préfets, encouragés par les Académies, les Sociétés savantes et hauts fonctionnaires civils et militaires, etc., etc.; adressés à

S. M. LOUIS-PHILIPPE I.er, ROI DES FRANÇAIS,

Le 15 Août 1841.

> Il est bon de relever les méprises qui se trouvent dans un livre utile; ce n'est même que là qu'il faut le chercher.
>
> C'est respecter un ouvrage, que de le contredire; les autres ne méritent pas cet honneur.
>
> VOLTAIRE, *Mél. de litt.*, ch. 13.

À MONT-DE-MARSAN,

CHEZ DELAROY, IMP. DE LA PRÉFECTURE ET DE L'ÉVÊCHÉ.

1841

AVERTISSEMENT.

Le département des Landes faisait partie de l'ancienne Aquitaine.

Dans l'écoulement de tant de siècles désastreux, deux maisons puissantes, celle d'Albret et de Foix, possédèrent le département des Landes.

Dans celle d'Albret était échu par mariage les vicomtés de Tartas et de d'Acqs, et dans celle de Foix, par succession semblable, le Marsan, le Tursan et le Gabardan.

Catherine, fille de Gaston IV, apporta à Jean d'Albret le Béarn, avec ses États de la maison de Foix, et Antoine de Bourbon ayant épousé Jeanne d'Albret, leur fille, Henri IV réunit à la couronne de France ces vastes domaines.

Sa mémoire vit toujours dans le cœur des Gascons parmi lesquels il a été élevé.

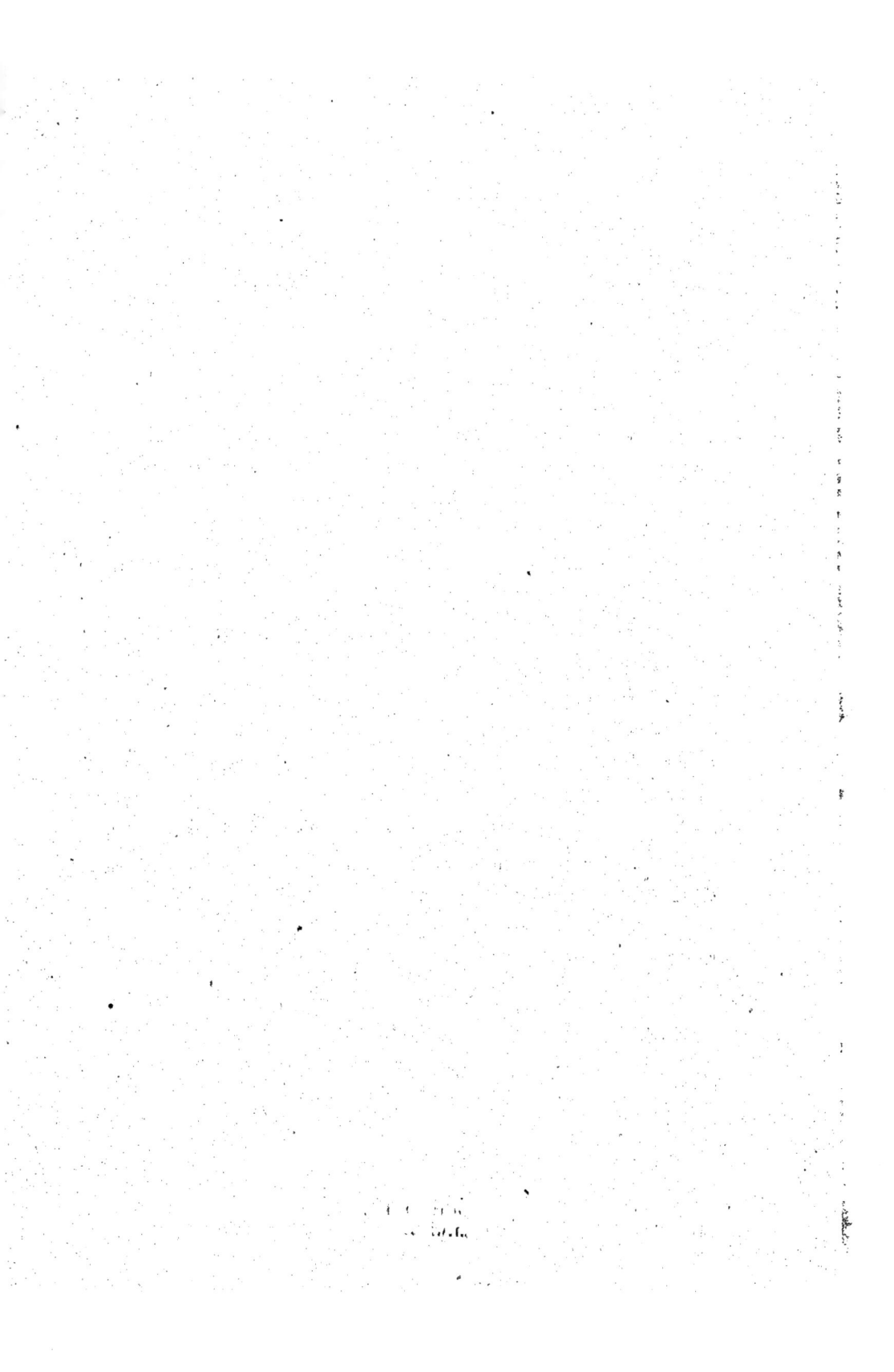

INTRODUCTION.

Tous les départemens de la belle France s'occupent aujourd'hui de l'étude *statistique ;* la très-ancienne ville de Tartas mérite d'être citée à raison de sa citadelle qui existait plusieurs siècles avant celle de St.-Esprit, dite de Bayonne, et comme clé du midi de la France.

Elle a victorieusement soutenu de longs siéges ; malheureusement on n'a point écrit son histoire ; les faits qui l'intéressent sont épars dans quantité de volumes et manuscrits très-rares ; les anciens sont à la tour de Londres. Ma curiosité m'a porté à en faire une étude suivie, et depuis 40 ans j'y emploie mes momens de loisir. A cet effet, j'ai consulté nombre d'auteurs [1] et pris des traditions orales de ses vieux habitans.

Je vais me borner à présenter simplement mes idées, ou plutôt je rappellerais des faits consacrés dans l'histoire.

Si mes concitoyens approuvent mon zèle, je n'aurais aucun regret [2] des veilles que j'y ai consacrées ; je n'ai pas le talent qu'exige une pareille entreprise,

---

[1] Auteurs consultés : Ader (résumé du pays de la Gascogne), Ansonne, Bergoing, Bossuet, Boucher, Cézar, Duchêne, Dupleix, histoire de Charles VII, Lescure (de), Magen, Marca, Marthe (Sainte), Mercator, Montgaillard, Morery, Oiénard, Ramonbordes, Serres (de), Ptolomée, Strabon, Pline, Thore, et., etc., etc.

[2] Je me propose de donner l'histoire des communes composant le département des Landes.

mais j'aurais l'avantage de m'être occupé le premier du soin de faire connaître le département ; j'aurai frayé la route, un autre l'embellira [1].

L'indu'gence qu'on m'accordera sera un encouragement, et si le fruit de mes travaux pouvait être utile, j'aurais obtenu la seule récompense qui peut flatter mon cœur.

J'acquitte envers le département des Landes où je suis né, une partie de mes devoirs.

---

[1] Les extraits que j'en présente donneront peut-être une idée avantageuse du sujet.

Toute bonne instruction doit commencer par l'histoire de son pays.

ROLIN.

Il faut surtout s'attacher à l'histoire de sa patrie, l'étudier, posséder et conserver pour elle les détails.

Encyclopédie HISTOIRE.

L'étude de l'histoire est la plus nécessaire aux hommes, quels que soient leur âge et la carrière à laquelle ils se destinent.

SÉGUR.

DÉPARTEMENT DES LANDES.

Aperçu Statistique.

Le département des Landes tire son nom des immenses landes qu'il renferme ; la plus grande partie des terres sont siliceuses et peu fertiles.

Il est borné au nord par le département de la Gironde, à l'est par le Lot-et-Garonne et le Gers, au sud par le Béarn-Pyrénéen, et à l'ouest par l'Océan.

L'air de la mer s'y fait sentir à une grande distance.

Le littoral des Landes est exposé aux brouillards épais et méphitiques occasionnés par les étangs et des marais considérables qui le bordent, produit de funestes effets sur la santé de ses habitans.

La santé publique y varie à raison de la situation topographique ; l'état sanitaire n'est pas le même que dans la partie cultivée au sud.

Dans toutes les autres contrées, le climat est en général fort sain.

Les pluies tombent communément de 80 à 90 jours, et la quantité d'eau qu'elles répandent sur le sol est évaluée à 18 cent.

Les vents dominans sont sud-ouest et ouest.

L'espace qui depuis le Boucau-Neuf jusqu'aux approches de la Teste forme un littoral de terres vagues de 27 lieues et demie d'étendue, sur une largeur de deux lieues de l'est à l'ouest, et dont la hauteur varie de 16 mètres à 48 mètres, avec une pente de 25 degrés à peu près de la côte de la mer.

Le versant opposé offre un talus de 50 degrés.

Cinq ports vivifiaient anciennement ces contrées aujourd'hui désertes ; ils ont disparu et sont remplacés par une suite non interrompue d'étangs et des dunes.

mais j'aurais l'avantage de m'être occupé le premier du soin de faire connaître le département ; j'aurai frayé la route , un autre l'embellira [1].

L'indu'gence qu'on m'accordera sera un encouragement , et si le fruit de mes travaux pouvait être utile , j'aurais obtenu la seule récompense qui peut flatter mon cœur.

J'acquitte envers le département des Landes où je suis né , une partie de mes devoirs.

---

[1] Les extraits que j'en présente donneront peut-être une idée avantageuse du sujet.

Toute bonne instruction doit commencer par l'histoire de son pays.

ROLIN.

Il faut surtout s'attacher à l'histoire de sa patrie , l'étudier, posséder et conserver pour elle les détails.

Encyclopédie HISTOIRE.

L'étude de l'histoire est la plus nécessaire aux hommes, quels que soient leur âge et la carrière à laquelle ils se destinent.

SEGUR.

DÉPARTEMENT DES LANDES.

Aperçu Statistique.

Le département des Landes tire son nom des immenses landes qu'il renferme ; la plus grande partie des terres sont siliceuses et peu fertiles.

Il est borné au nord par le département de la Gironde , à l'est par le Lot-et-Garonne et le Gers, au sud par le Béarn-Pyrénéen , et à l'ouest par l'Océan.

L'air de la mer s'y fait sentir à une grande distance.

Le littoral des Landes est exposé aux brouillards épais et méphitiques occasionnés par les étangs et des marais considérables qui le bordent , produit de funestes effets sur la santé de ses habitans.

La santé publique y varie à raison de la situation topographique ; l'état sanitaire n'est pas le même que dans la partie cultivée au sud.

Dans toutes les autres contrées , le climat est en général fort sain.

Les pluies tombent communément de 80 à 90 jours , et la quantité d'eau qu'elles répandent sur le sol est évaluée à 18 cent.

Les vents dominans sont sud-ouest et ouest.

L'espace qui depuis le Boucau-Neuf jusqu'aux approches de la Teste forme un littoral de terres vagues de 27 lieues et demie d'étendue , sur une largeur de deux lieues de l'est à l'ouest , et dont la hauteur varie de 16 mètres à 48 mètres , avec une pente de 25 degrés à peu près de la côte de la mer.

Le versant opposé offre un talus de 50 degrés.

Cinq ports vivifiaient anciennement ces contrées aujourd'hui désertes ; ils ont disparu et sont remplacés par une suite non interrompue d'étangs et des dunes.

VOIE ET MOYENS.

—

Substituer les résultats vrais aux erreurs de bonne foi, et même à celles qui ne le sont pas.

Lettres Ministérielles sur les Encouragemens.

—

En 1817, M. Lainé, Pair de France, Ministre de l'intérieur, écrivait à M. le baron d'Haussez, Préfet des Landes, la lettre qui suit :

« Monsieur le Préfet, *le défrichement des landes et le dessèchement des marais* ont souvent attiré l'attention des Rois de France ; Henri IV, surtout, dont le nom se trouve lié à tous les genres de gloire ; chercha par de nombreux encouragemens et des récompenses honoraires à porter la culture et la salubrité du royaume perdu pour l'industrie et funeste au petit nombre de leurs habitans ; mais les travaux qui s'y firent alors, mal dirigés sans doute par les compagnies qui s'en étaient chargées, n'ateignirent pas toujours le but qu'on s'était proposé.

» S. M., occupée sans relâche de ce qui peut contribuer à la prospérité de la France, ne pouvait oublier que de vastes terrains sont réclamés par l'agriculture, et elle se propose d'apprêter sur cet important objet l'attention des conseils d'arrondissemens.

» Il vous suffira de vous dire que le Roi désire qu'on lui propose des améliorations à faire et les moyens de les obtenir. »

La *Gazette des Landes* du 21 novembre 1819 a publié la lettre suivante :

« S. Exc. le Ministre de l'intérieur se propose de solliciter de S. M. l'autorisation de distribuer en son nom, chaque année, des prix, des médailles ou autres distinctions, dans l'objet d'encourager l'agriculture, désire connaître les propriétaires de ce département qui, par d'heureux essais ou pour l'adoption des bonnes pratiques, auront obtenu des améliorations notables.

1.º Les propriétaires-cultivateurs sont invités à faire parvenir au chef-lieu de l'arrondissement des certificats des autorités locales, constatant les droits qu'ils peuvent avoir à concourir aux récompenses ;

2.º Des mémoires présentant des renseignemens authentiques et détaillés sur la nature et les résultats de leurs travaux agricoles. »

Le 25 mars 1837, l'auteur écrivait :

Comité spécialement et exclusivement chargé de signaler au Roi les vertus obscures et les talens de la province.

Ce comité aurait des correspondans dans tous les chef-lieux de canton du département.

Les correspondans auront des milliers de recherches, même dans les communes rurales, soit les hommes qui se recommandent à l'administration municipale ou bien ceux qui donnent à l'agriculture, à l'industrie, des encouragemens, ou qui se font remarquer par des actes de philanthropie qui ne parviennent pas toujours à la connaissance de l'autorité centrale.

Oui, l'agriculture fait les bons citoyens; et pourquoi? c'est qu'elle fait la famille, c'est qu'elle fait le patriotisme.

En France, le gouvernement se souvient de l'agriculture quand éclate un danger de guerre ou quand les désordres intérieurs embarrassent les finances; on se souvient d'elle alors pour lui demander son dernier écu et son dernier homme.

On s'en souvient pour lui imposer des centimes additionnels, pour doubler l'impôt du sang en lui enlevant ce qui fait la force de l'armée Française, ces travailleurs braves, robustes, dociles, qui, au besoin, restent pieds nus, sans pain, et ne murmurent pas.

Eh quoi ! lorsqu'un citoyen s'est dévoué corps et biens à une entreprise d'intérêt général ; qu'après plus de quarante ans de travaux et de sacrifices, il vous démontre par des *faits authentiques* (les honorables suffrages de plusieurs Sociétés savantes, etc.), vous ne répondez...

Les missions, les devoirs des Sociétés d'agriculture, arts, etc., consistent principalement à porter ses investigations, ses recherches sur les procédés nouveaux, sur les méthodes qui peuvent surgir, afin de connaître, d'en constater les bons ou les mauvais résultats, et en signaler ensuite les avantages ou les inconvéniens aux cultivateurs, pour les éviter des essais et souvent des mécomptes ruineux.

Être utile, voilà le véritable titre à la considération, même à la gloire ;

Et tout ce qui est gloire est maintenant noblesse.

De l'Esprit du Siècle.

OUVRAGES IMPRIMÉS

ET MANUSCRITS,

DE M. SAINTOURENS, DE TARTAS,

MEMBRE DE PLUSIEURS SOCIÉTÉS SAVANTES,

Extraits de son Sommaire imprimé in4.°,
qui dépassent le nombre de 450.

---

1. *Mémoire sur les droits d'usages dans les forêts et du cantonnement ;* publié dans le *Journal des Landes* du 20 janvier 1829. (11 janvier 1811.)

2. *Opuscule sur les minéraux des Landes.* [1] (1815.)

3. *Dialogue* [2] *entre plusieurs Maires du département des Landes et un agriculteur amateur des défrichemens des landes et terres vagues, et des dessèchemens des marais et lagunes ;* adressé au Ministre de l'intérieur, qui a répondu à l'auteur : « J'ai lu avec intérêt le dialogue que vous avez adressé au Ministre sur les moyens d'améliorations de l'agriculture dans le département des Landes, et le succès de l'aliénation et défrichemens des communaux ; j'applaudis aux vues du bien public qui vous a dirigé dans ce travail. 8 février 1819. *Le directeur général de l'administration communale et départementale,* signé GUIZOT. » Publié au journal des travaux de l'industrie agricole, manufacturière et commerciale du 6 juin 1831. (1818.)

4. *Mémoire sur de nouveaux engrais* [3] découverts par l'auteur, supérieurs et plus économiques, non exploités dans les

cantons de Mont-de-Marsan , St.-Sever , Tartas est et ouest ,
Montfort, Dax , etc. , etc. (24 novembre 1822.)

5. *Tableaux des produits de l'agriculture et des animaux* [4]
du département des Landes , et emploi des mêmes produits de
1823. A ce dernier est joint l'état des impôts directs et indirects
payés même année. (1824.)

6. *Coup-d'œil sur les Landes* [5] *du département du même
nom* , et *Rognures faites audit* , orné d'un plan d'une ferme
expérimentale , suivi d'un devis estimatif, d'un tableau des distances des clochers (à vol d'oiseau ou en ligne droite); dédié à
M. le baron d'Haussez [6] , Préfet de la Gironde , honoré des suffrages de l'Académie royale des sciences [7] et de plusieurs Sociétés savantes [8] , etc. , etc. (24 mai 1824.)

10. *Promenade Agricole , Industrielle , Antiquaire , etc.* [9] ,
dans le département des Landes. Deux rapports en ont été faits
à la Société d'agriculture, arts, commerce et manufactures des
Landes , dans les séances des 14 janvier et 29 avril 1827 ; elle
en a voté le dépôt aux archives. (1.er janvier 1827.)

11. *Mémoire sur la science de la sétifère* , ou *l'art de produire de la soie ;* adressé à la Société d'agriculture des Landes.
Dans sa séance du 4 novembre 1827 , elle en a voté le dépôt
aux archives. (9 mars 1827.)

12. *Mémoire sur les soies grèges* ; publié dans le *Journal des
Landes* du...... (20 mars 1827.)

13. *Opinion sur la construction de l'église de Mont-de-
Marsan* [10]. L'auteur l'a communiquée à M. Poitevin, architecte
du département de la Gironde , délégué du Ministre pour la
visite de cet édifice, qui l'a approuvée par sa lettre du 6 janvier
1827. Adressée à M. de Puységur, Préfet, Président de la Société d'agriculture , arts, commerce , etc., des Landes , et au
rédacteur du *Journal des Landes* , le 1.er avril 1827 ; ce dernier a répondu à l'auteur :

« Monsieur Saintourens , j'ai cru devoir soumettre votre ouvrage au Préfet, qui m'a fait prier de ne pas le publier, quoique, sans doute, il soit bien convaincu de la justesse de vos

raisonnemens , puisqu'il m'a fait aussi prier de le lui confier. »

L'auteur l'avait communiquée aux notables de la cité, qui l'ont approuvée fortement, en engageant de la publier. (1.er avril 1827.)

14. *Pétrifications Landaises* [11] ; on y voit nombre d'hommes pétrifiés , etc. ; publié dans le *Journal des Landes* du 10 janvier 1827. (1827.)

15. *Améliorations des laines, lavages, triages, etc.* ; publié dans le *Journal des Landes* du 10 juin 1838. (1827.)

16. *Réponses aux questions ministérielles* [12] sur les landes et les marais de l'ancien district de Tartas et de l'arrondissement de Dax , adressées à plusieurs Sociétés savantes , et à M. Dupin (Charles), membre de l'Institut ; dans sa lettre de remercimens , il ajoute : « Je tirerais parti de ce document pour mon travail sur la France. 10 avril 1828. » (5 octobre 1827.)

17. *Mémoire sur un nouvel engrais et combustible* [13] *dans le département des Landes*, et *moyens de cultiver les grandes landes*, sans soutrage (taillis de bruyères) ni fumier de bétail , plus économiquement et plus avantageusement, alimenter les forges à moitié frais , etc., applaudi du vicomte de Martignac , Ministre de l'intérieur. Dans sa lettre de remercimens pour cet obligeant envoi, il ajoute : « Je lirai votre ouvrage avec intérêt. 29 mars 1828. » Publié dans le journal des travaux de l'académie de l'industrie agricole, etc., 19 juillet 1832, dans sa séance publique du 22 mai 1833 , l'académie décerna à l'auteur une médaille d'honneur.

18. *Notice sur le charbon de terre* [14] découvert par l'auteur à Saint-Lon , 3.e arrondissement des Landes ; la mine est immense , peut alimenter plus de vingt forges pendant cent ans ; elle est exploitée par l'ami des arts , M. Badeigt de Laborde , chevalier de la légion-d'honneur , à Saubusse ; et sur des mines de lignite et l'anthracite non exploitées , découverts en septembre 1828 , par l'auteur. (1828.)

19. *Mémoire sur les substances métalliques* [15] qu'on trouve dans le département des Landes. (1828.)

22. *Moyens de faciliter le commerce d'échanges en faisant connaître les divers objets soumis au tarif des douanes étrangères*, sur lesquels on pourrait réclamer des modifications ; enfin, toutes les mesures les plus propres à développer les progrès de l'agriculture, du commerce et de l'industrie. (24 juin 1828.)

Réponses à quinze questions préfectorales de M. le chevalier de Cauna, maître des requêtes, Préfet des Landes, sur :

1.° Les moyens de faciliter l'exécution des divers projets de canalisation qui depuis long-temps font l'objet de la sollicitude du gouvernement ;

2.° Ceux desdits projets auxquels il paraîtrait le plus convenable d'accorder la préférence ;

3.° Les routes ou portions de routes départementales qu'il serait le plus urgent de réparer ;

4.° Les routes classées départementales d'où il conviendrait de maintenir ou de changer les directions proposées suivant les localités ;

5.° Les chemins vicinaux dont la création, l'achèvement où l'entretién pourrait être le plus utile au plus grand nombre des communes, et particulièrement à celles qui ont des foires ou des marchés ;

6.° Les rivières sur lesquelles il conviendrait d'ordonner des travaux de curage pour faciliter le cours des eaux et le flottage ;

7.° Les ponts et ponteaux qu'il serait le plus urgent de construire et de réparer ;

8.° Les mines qui peuvent offrir quelqu'intérêt ;

9.° Les plantations qu'il conviendrait d'encourager comme devant être plus favorables aux sols des diverses qualités ;

10.° Les moyens les plus propres à encourager les défrichemens dans les Landes ;

11.° Les moyens de propager la culture du mûrier, du chêne liége et du pin maritime ;

12.° Les cantons ou communes où l'on pourrait, avec le plus

grand succès , encourager l'éducation des vers à soie et le perfectionnement des abeilles ;

13.° Le meilleur moyen d'établir des primes pour l'amélioration des espèces de chevaux , vaches et brebis ;

14.° Les moyens de faciliter le commerce d'échange en faisant connaître divers objets soumis au tarif des douanes étrangères ;

15.° Enfin , toutes les mesures les plus propres à dévelopjer
les progrès de l'agriculture , du commerce et de l'industrie. 3
mars 1828. (24 juin 1828.)

24. *Mémoire sur les fontaines salutaires et remarquables* [16]
dans le département des Landes ; quelques-unes ont flux et
reflux , etc. Par les phénomènes qu'elles présentent , elles sont
dignes d'attirer l'attention des naturalistes et physiciens étran-
gers. L'auteur l'a adressé à M. Héricart de Tury , membre de
l'Institut , auteur des *Considérations sur le jaillissement des
eaux.* Dans sa lettre de remercimens , il dit : « J'ai lu votre
ouvrage avec le plus vif intérêt. 2 mars 1830. » (11 novembre 1828.)

25. *Mémoire sur la nécessité d'établir un inspecteur des revenus communaux et d'établissemens publics* , adressé au Ministre de l'intérieur. Dans sa lettre de remercimens , il ajoute :
« J'apprécie les vues d'amélioration que vous avez bien voulu
me communiquer , et je vous en remercie. 13 janvier 1831.
Signé vicomte DE MARTIGNAC. » (28 novembre 1838.)

26. *Examen sur le Cadastre* , publié dans le *Journal des
Landes* du 19 octobre 1828. (1828.)

27. *Mémoire sur le rétablissement de l'ancien district de
Tartas* , aujourd'hui sous-préfecture , appuyé des communes
qui le formait , des conseils d'arrondissement , du conseil général et de M. de Carrère , Préfet ; présenté par une députation
de la ville de Tartas , MM. Duprat , avocat , et L. Dupoy de
Guittard , à Louis XVIII , Roi de France ; après l'avoir enten-
due , ordonna le renvoi du dossier à S. Exc. le Ministre de l'intérieur , le 14 novembre 1824. (6 février 1829.)

28. *Mémoire sur la culture du pavôt*, plante oléagineuse et somnifère [7], etc. , publié dans le *Journal des Landes*. (26 janvier 1829.)

30. *Notice sur Tartas*, ville la plus antique du pays, anciennement la plus florissante et la plus marquante dans l'histoire du département. N.º 281, 207 pages, in-4.º (5 décembre 1829.)

35. *Notice sur Laboukeyre*, ancienne ville des Grandes-Landes. (1829.)

36. *Nouveau Mémoire sur le rétablissement du district de Tartas*, adressé à S. M. Charles X, présenté et appuyé par M. le baron d'Haussez, Ministre de la marine. S. Exc. adressa à l'auteur la réponse qui suit :

« Monsieur, je me ferais un vrai plaisir de remettre le Mémoire que vous désirez que j'appuye de ma recommandation, et je ferais tout mon possible pour que ma démarche réussice. 19 février 1830. (15 février 1830.)

36. *Mémoire sur l'ancien district de Tartas*, adressé directement au Roi des Français, qui l'a reçu et renvoyé au Ministre de l'intérieur pour en suivre la demande. (15 août 1830.)

38. *Deuxième Mémoire en rappel sur le district de Tartas*, adressé à S. M. Louis-Philippe, Roi des Français. Le Secrétaire de S. M. nous répondit que notre demande ayant passé sous les yeux du Roi, en avait ordonné le renvoi au Ministre de l'intérieur. 14 septembre 1830. (10 septembre 1830.)

M. Goubauld, Préfet, nous fit l'honneur de nous écrire pour nous annoncer que notre Mémoire, avec une pétition, lui avait été adressé pour le soumettre au conseil d'arrondissement et au conseil général. Ce quatrième Mémoire encore oublié dans les cartons de la préfecture, engagea l'auteur à réclamer à M. Sers, nouveau Préfet. Le 7 juillet, ce magistrat eut la bonté de nous répondre que les deux conseils ont proposé de rejeter cette proposition, par une délibération spéciale (nous ne l'avons jamais vue). Plus tard, nous rappellerons, à qui de droit, le vœu favorablement émis par les mêmes conseils de 1814, et justice au gouvernement. (Voyez le *Journal des Landes* des 6 et 10 juillet 1834 , ou mieux la Notice historique sur la commune de Tartas , pages 62 et 63.)

39. *Mémoire sur les forêts de pins* [18] , leur culture, leur produit, leur manipulation , leur consommation tant dans l'intérieur qu'à l'étranger , adressé à plusieurs Sociétés savantes qui l'ont accueilli avec le plus vif intérêt , etc. ; trois en ont voté l'impression. (Voir le journal des travaux de l'Académie de l'industrie agricole ,. manufacturière et commerciale , supplément n.º 1 à 4 ; l'Ami des Champs de la Société française de Bordeaux , mars 1833 ; Bulletin de la Société française de statistique universelle , n.º 9 , année 1831 ; le Constitutionnel , n.º 110 , année 1833.) (1830.)

40. *Lettre au Roi sur l'administration générale du département des Landes.*

M. Casimir Perrier , président du conseil , Ministre de l'intérieur , écrivait à l'auteur : « Monsieur , j'ai l'honneur de vous annoncer que le Roi m'a fait transmettre la lettre que vous lui avez adressé le 5 de ce mois, et qui renferme des détails sur l'administration générale du département des Landes ; j'ai pris connaissance de ces renseignemens avec intérêt , et je les ai fait classer avec soin pour ne pas les perdre de vue.

» Agréez , etc. 29 juin 1831. (5 juin 1831.)

41. *Economie publique* , publié dans le *Journal des Landes* du 7 août 1831. (1831.)

42. *Contestations sur les communaux* , ou *Réponses aux articles publiés dans le Journal des Landes* , n.ºs 170 , 171 , 172 et 174 , insérées dans le même journal du 15 janvier 1832. (14 janvier 1832.)

43. *Opinion du sieur Saintourens , membre de la commission sanitaire , sur les marais , lagunes et cloaques , et moyens de leur assainissement* ; adressée au Ministre de l'intérieur. Le Ministre du commerce et des travaux publics a répondu à l'auteur: « Je vous sais gré , Monsieur , des motifs qui vous ont porté à me la communiquer , etc. Pour le Ministre et par autorisation :

2

le conseiller-d'état, vice-président du conseil supérieur de santé, signé HELY DISTEL. 25 mai 1832. » (15 mai 1832.)

45. *Mémoire sur l'impôt du sel pesant sur le département des Landes* : 1,200,000 *francs !!* ; publié dans le *Journal des Landes* du 23 septembre 1832. (1832.)

47. *Mémoire sur les marais et cloaques de Souprosse*, publié dans le *Journal des Landes* du 30 septembre 1832. (1832.)

49. *Mémoire sur les produits des céréales du département des Landes*, publié au *Journal des Landes* du 23 septembre 1832. (10 septembre 1832.)

50. *Appel aux industriels* sur le dessèchement des vastes marais de Castelnau, Pomarès et Bégaar ; publié dans le *Journal des Landes* du 7 octobre 1832. (7 octobre 1832.)

Mémoire sur le littoral du département des Landes ; 207 pages in-4.º ; orné de cartes et de plans ; publié dans le journal des travaux de l'Académie de l'industrie agricole, manufacturière et commerciale, supplément des mois d'octobre, novembre et décembre 1840. (3 août 1833.)

51. *Considérations sur les Landes du département du même nom.* (1832.)

52. *Mémoire sur les expertises méthodiques*, publié dans le *Journal des Landes* du 16 juin 1833. (1833.)

Art de la danse, sur les bals anciens et modernes ; publié en 1834. (14 décembre 1834.)

54. *Les loisirs d'un Landais* (extrait du Mémoire sur les fortunes rapides et scandaleuses ; adressé aux chambres et au gouvernement. Décembre 1834. (18 avril 1834.)

352. *Statistiques* (*esquisses*) des communes formant le département des Landes.

Antiquités. (20)

—

55. *St.-Esprit*, place de guerre et de commerce, havre. 21.
(30 décembre 1827.)

56. *Montfort*, bourg, ancienne place de guerre, vers à soie.
22. (1824.)

57. *Pontonx*, bourg, ancien chef-lieu de marquisat, templiers. 23. (1828.)

58. *St.-Sever*, chef-lieu de sous-préfecture, collége, galerie
de tableaux (1829.)

Salon d'ornithologie, cabinet d'histoire naturelle. 24. (1829.)

59. *Tartas*, ville la plus ancienne du département, deux
justices de paix, musée, fossiles et végétaux rares ; 56 pages
in-4.º, orné de plans, tableaux, etc. (Ancien vicomté d'Albret.)
25. (5 décembre 1829.)

60. *Labouheyre*, ancienne ville des Grandes-Landes, anciennes portes. 26. (29 décembre 1829.)

61. *Capbreton*, ancienne ville et havre. 27 (1830.)

62. *Saubusse*, entrepôt de commerce maritime, industrie,
château. 28. (1830.)

63. *Castelnau*, fort très-considérable, tumulus extraordinaire. 29 (19 août 1830.)

64. *Mugron*, commerce de vins avec l'étranger, baronnie.
30. (1830.)

65. *Aire*, ville épiscopale, collége, petit séminaire. 31.
(17 septembre 1830.)

66. *Bastennes*, bourg riche en phénomènes, paillettes d'argent. 32. (1830.)

67. *Amou*, ville, camp des romains ; son clocher est le plus
beau du département des Landes. 33. (10 septembre 1830.)

68. *Castelsarrasin*, bourg, possède un fort considérable. 34.
(1830.)

69. *Souprosse*, grand carnage 53 ans avant l'ère chrétienne. 35. (17 novembre 1830.)

70. *Pouillon*, bourgade, ancien château, eaux minérales. 36. (1830.)

71. *Arjuzanx*, ancienne ville des grandes landes, marché considérable en matières résineuses. 37. (6 octobre 1830.)

72. *Préchacq*, aimable hospitalité, bains salutaires et philantropiques. 38. (1834.)

73. *Gaujacq*, autrefois ville, bourg, riche de minières. 39. (10 octobre 1834.)

74. *Mont-de-Marsan*, préfecture, cour d'assises, directions, bibliothèque départementale, salle de spectacle, halle. 40. (1834.)

75. *Dax*, chef-lieu de sous-préfecture, château fort, grand séminaire, cabinet de minéralogie, fontaine chaude, bains thermaux. 41.

76. *Mimizan*, ancienne ville et havre. 42. (25 juillet 1830.)

77. *Bornage* publié dans le *Journal des Landes* du 1.er septembre. 34.

Observations sur la notice des Landes, par M. de Lugnan, publiées dans la *Revue du Midi*; avril 1834. (1.er septembre 1834.)

Guide pittoresque du Voyageur dans le département des Landes; 43; orné de cartes, plans, vues, portraits, sites remarquables, établissemens d'eaux minérales, les châteaux pittoresques, les édifices, monumens; plus de 200 pages in-4.º Extrait a été publié dans le *Guide pittoresque du Voyageur en France*, sous le n.º 19.e livraison. (15 octobre 1834.)

78. *Carte géologique* du bassin de la Midouze; 15 mètres de longueur sur trois de largeur. (1.er novembre 1834.)

79. *Itinéraire historique* de Bordeaux à Bayonne. (15 juillet 1834.)

80. *Dictionnaire hydrographique* du département des Landes. (1.er août 1836.)

81. *Observations sur les landes de la Guienne*, à la publi-

cation de M. le baron de Poyferré de Cère. (5 septembre 1836.)

82. *Motif d'un projet de loi*, 44, pour vivifier les grandes landes, publié dans le journal des travaux de l'industrie agricole, manufacturière et commerciale. Les conclusions du rapport fait à l'Académie par le docteur Daniel de St.-Antoine portent :

« Ici s'arrêtent, Messieurs, les extraits que nous avons dû faire du mémoire de M. Saintourens, pour en faire sentir l'importance.

» Les travaux entrepris par le seul amour du bien public sont si rares, ils sont si souvent récompensés par l'indifférence, qu'il appartient à une Société amie des progrès de signaler à l'attention générale les bons écrits qui peuvent contribuer à l'amélioration de l'état physique et moral des populations.

» Lu et adopté en séance du conseil, le 7 février 1839. »

Ce rapport a été inséré dans le *Journal des Landes* du 5 mai 1839. (25 octobre 1837.)

83. *Mémoire sur l'ancien duché d'Albret*, publié dans le *Journal des Landes* du 5 mai 1839. (10 janvier 1838.)

84. *Mémoire sur les hommes fossiles* découverts à Tartas, publié au *Journal des Landes*. (10 janvier 1838.)

85. *Mémoire sur une deuxième éducation des vers à soie* (45) faite dans l'année, et la possibilité d'une troisième, par l'auteur ; la douce climature des landes siliceuses permet au mûrier blanc, rouge et noir, de donner des feuilles tendres et sans rouille dans les derniers mois d'octobre et de novembre. (10 février 1838.)

86. *Archéologie* (Voyez la note 20.)

87. *Opuscule sur la culture du tabac et le monopole*, publié dans le *Journal des Landes* du 10 février 1838. Un journal de la capitale (*des Villes et des Campagnes*) l'a reproduit dans ses colonnes sous un titre piquant.

88. *Statistique séricicole du département des Landes*, publiée dans les journaux : *le Temps*, *l'Emancipation de Toulouse*, *le Courrier de Bordeaux*, *le Journal de Dax* des 19 janvier et 21 juin 1840. (19 juin 1839.)

89. *Statistique vignicole du département des Landes*, adressée, à M. Delamarre, officier de la légion-d'honneur, Préfet
du département des Landes ; ce magistrat a répondu à l'auteur
par la lettre qui suit :

« Mont-de-Marsan , le 2 janvier 1841.

» J'ai reçu avec la lettre que vous m'avez fait l'honneur de
m'adresser sous la date du 15 de ce mois , la Statistique vignicole du département des Landes , dont vous avez bien voulu
me faire hommage ; je l'ai lue avec beaucoup d'intérêt , et je
vous remercie d'avoir bien voulu me communiquer un document qui me met à même d'apprécier un produit des plus im-
portans du département dont l'administration m'est confiée.

» Agréez, Monsieur, l'assurance de ma considération distinguée.

» Signé, DELAMARRE. »

25 janvier 1841.)

NOTES.

—

' M. Duboscq , membre du conseil de préfecture , secrétaire perpétuel de la Société d'agriculture , arts , commerce et manufactures du département des Landes , nous écrivait de Mont-de-Marsan , le 7 janvier 1827 :

« Mon cher Monsieur, j'ai reçu il y a quelques jours les échantillons de sel gemme que M. votre fils vous a adressé de Barcelonne , et une séance préparatoire à celle du 14 , à laquelle vous êtes appelé , ayant eu lieu mercredi dernier , j'ai communiqué aux membres qui la composaient ces échantillons avec la lettre qui les accompagnait.

» Le 24, je reçus votre lettre sur les nouveaux engrais dont vous indiquez les gîtes dans un mémoire détaillé qui y était joint. Il sera présenté ainsi que le minéral ci-dessus à l'assemblée du 14 de ce mois, et je ne doute pas qu'en rendant justice à vos travaux et observations qui tendent à la prospérité de nos tristes contrées , nos collaborateurs ne reçoivent votre double offrande avec reconnaissance.

» Il serait à désirer que les géomètres employés comme vous au cadastre eussent été animés du même esprit ; une infinité de découvertes aurait éclaté sur ce sol vierge qui , en tout, est encore à explorer.

Recevez, Monsieur et cher Collègue , l'assurance de ma considération.

» Signé , DUBOSCQ. »

Monsieur, j'ai l'honneur de vous informer que j'ai transmis à l'Académie royale des sciences la boîte renfermant le minéral que vous avez découvert dans les Landes et dont vous désirez que l'analyse soit faite. L'Académie a confié cette analyse à une

(marginal notes:)

1.
Sel gemme.

3.
Engrais
calcaires.

Nouveau
minéral
à l'analyse

commission composée de MM. Berthier et le Lièvre ; elle me communiquera le rapport aussitôt que les commissaires auront présenté leur travail aux délibérations de l'Académie, et je m'empresserais de vous le transmettre. (Nous ne l'avons pas reçu.)

Recevez, Monsieur, l'assurance de ma considération.

Le Pair de France, Ministre du commerce et des travaux publics,

Signé, C. DARGOUT.

Paris, ce 4 octobre 1824.

Paris, ce 4 octobre 1824.

Le Secrétaire de la Société d'Encouragement pour l'Industrie Nationale,

A M. Saintourens, *agent de correspondance, à Tartas.*

Pierre à lithographier

La Société d'encouragement vous sait gré de l'envoi que vous lui avez fait de l'échantillon d'une pierre dont vous avez trouvé une carrière près Tartas. Elle aurait désiré en faire l'essai, mais cette pierre n'avait pas assez de volume pour être appliquée à une lithographie, et les commissaires ayant d'ailleurs reconnu qu'elle était trop brune pour cet usage, du moins pour produire un dessin soigné, elle a pensé qu'il lui serait inutile de s'en procurer des fragmens plus considérables.

Quant aux autres richesses minérales que vous avez remarqué dans le département des Landes, la Société considérant que la connaissance en appartient à la direction générale des mines, a cru également devoir s'abstenir de s'en occuper. La Société ne peut qu'applaudir, Monsieur, aux sages observations connues dans l'imprimé que vous lui avez adressé, et elle m'a chargé de vous remercier également des offres que vous lui faites relativement à la distribution de ses programmes des prix dont quelques exemplaires vous parviendront sous le couvert de M. le Maire de votre commune, à l'époque de leur publication.

J'ai l'honneur d'être avec considération, Monsieur, votre très-humble et très-obéissant serviteur.

Signé, JOMMARD.

Le bon et vénérable M. le chevalier de Caupenne, ex-major du génie, retraité, ingénieur à Dax, nous écrivait le 25 septembre 1835 : Echantillons de minéraux.

« Je vous rend grâce, mon cher Saintourens, de la communication que vous me faites sur les pétrifications du département des Landes, ainsi que des échantillons métalliques des minéraux, etc.

Agréez, mon cher Monsieur et Collègue, les assurances de la parfaite amitié. Signé, le chevalier DE CAUPENNE (décédé le 14 mai 1838, auteur d'un cabinet et modèles hydrauliques, etc., généralement regretté.

M. le docteur Grateloup, minéralogiste, nous écrivait de Bordeaux, le 11 janvier 1836, et nous invitait à publier notre mémoire sur les minières et substances métalliques, et il ajoutait : Substance métallique.
« Ces mémoires sur une contrée que j'ai tant étudiée et à laquelle j'ai consacré mes loisirs pour la faire connaître, me feraient le plus grand plaisir. »

M. Grateloup, passionné pour les hautes sciences, disait encore : « Monsieur, en vous remerciant de votre aimable souvenir..
Vous avez indiqué aussi du charbon de terre sous le n.° 18, et vous dites que la mine est immense et en état de fournir à plus de vingt forges pendant un siècle ; cette découverte me paraît si intéressante et à la fois si importante, que je désirerais aussi que vous voulussiez m'adresser un morceau de cette substance, car j'ai bien de la peine à croire que c'est du charbon de terre ; c'est probablement du lignite friable, comme il en existe des couches plus ou moins puissantes, soit dans le littoral des Landes, soit dans quelques communes situées sur la rive gauche de l'Adour. Charbon.

» Pourquoi donc ne publiez-vous pas votre mémoire.

» Vous me mandez encore que vous vous occupez d'une carte géologique du département ; tant mieux, elle me sera très-utile ; car j'avais depuis long-temps entrepris ce travail, mais Carte géologique.

les difficultés sans nombre m'ont arrêté, et je désirerais qu'un géologue l'exécutât fidèlement.

» Adieu Monsieur, ce sera toujours avec un véritable intérêt que je recevrais de vos nouvelles.....................................

» Je vous renouvelle l'assurance de mon sincère dévouement et suis, etc.   Signé, GRATELOUP, Docteur. »

M. Badeigts de Laborde, chevalier de la légion-d'honneur, ami sincère des découvertes utiles, nous écrivait de Saubusse, le 17 février 1830 :

« Je mets de l'empressement, mon cher Monsieur, à répondre à votre lettre du 12 du mois courant; si je n'ai pas été aussi exact par le passé, c'est que vos précédentes m'ont sans doute trouvé préoccupé par des circonstances peut-être fâcheuses et telles qu'il ne s'en rencontre que trop souvent dans la carrière de l'industrie...

Machine à vapeur, etc.

» A Dieu ne plaise que moi, chétif, je veuille établir une controverse avec des savans tel que M. le docteur Grateloup; je ne sais au reste quels sont les échantillons qu'il a reçu de vous; mais ce qu'il y a de positif, c'est que le combustible de Saint-Lon, quel que soit d'ailleurs le nom qu'il plaise à la science de lui donner, a fait, à Bordeaux, marcher la machine à vapeur, forges, raffineries, etc., etc., et à Saubusse, une verrerie pendant trois campagnes, la quatrième allant commencer le 15 avril prochain.

» Quant au morceau sans nom, *qui n'est que de la résine de pin*, qui n'a pas même l'honneur d'être fossile, je ne saurais qu'en dire; mais si c'était par hasard un morceau d'échantillon de succin que vous tenez de moi, et qui provient de la mine de Saint-Lon, il y aurait erreur évidente, car dans le laboratoire de M. Boignard, celui-ci opérant en présence du docteur son fils et d'une douzaine d'illustrations en chimie, minéralogie, etc.. la distillation en fut faite, et sa qualité de succin confirmée; et comme au nombre des spectateurs se trouvait un des administrateurs du Muséum d'histoire naturelle qui m'avait entendu dire que j'en possédais un échantillon énorme (gros comme un boulet de 24), de la plus grande beauté, il me demanda à le voir : le lendemain je l'envoyais au Jardin du Roi, et j'en reçus l'accusé de réception que je copie ici :

Administration du Muséum d'histoire naturelle, au jardin du Roi.

Paris, le 22 mai 1829.

Monsieur,

M. le professeur de minéralogie a mis sous les yeux de l'assemblée des professeurs administrateurs, dans sa dernière séance, un module de succite venant du gîte de lignite exploitée à Saint-Lon, près Dax, que vous avez bien voulu donner au Muséum.

L'assemblée a reçu avec reconnaissance le don de ce morceau intéressant qu'elle va faire placer dans les galeries, avec les indications convenables, pour faire connaître au public le nom du donateur, et elle s'empresse de vous prier, Monsieur, de recevoir ses remercîmens.

Nous avons l'honneur d'être, etc.

Les professeurs administrateurs,

Signés, DESFONTAINES, Directeur ; Louis CORDIER, Trésorier ; A. de JUSSIEU, Secrétaire.

» Agréez, mon cher Monsieur, les expressions sincères de mon entier dévouement.

» Signé , BADEIGTS DE LABORDE. »

Le même amateur industriel nous écrivait de Saubusse, le 18 mars 1836 :

« Je tiens ma promesse, mon cher Monsieur; voici la notice sur la houillère de Saint-Lon, et trois échantillons de ses produits (nous n'avons pas reçu la notice) :

N.ºs 1 , Jayet ;

2 , Charbon ;

3 , Succin.

» Si vous avez sous la main un ou plusieurs capitalistes qui voulussent concourir à la reprise des travaux, vous pouvez les encourager, car ça sera une bonne affaire pour tous ceux qui y auront pris part.

» C'est avec plaisir que je vous renouvelle, mon cher Monsieur, l'assurance de mon entier dévouement.

» Signé, BADEIGTS DE LABORDE. »

M. le baron d'Haussez nous écrivait, le 1.er septembre 1818 :

2.
Dialogue, souscription.

« Je vous renvoie, Monsieur, votre excellent écrit, avec invitation très-pressante de le livrer à l'impression ; je souscris d'avance pour 50 exemplaires.

» Les principes en agriculture que vous développez sont très-bons et du nombre de ceux qu'il est bon de répandre. La forme du dialogue convient à ce genre de traité et dans l'intérêt de l'ouvrage. Signé, Baron D'HAUSSEZ, *Préfet des Landes.* »

M. Dubedout, homme de lettres à Montaut, nous écrivait le 7 janvier 1819 : ....

Dialogue,

« Je vous remercie bien infiniment de cette marque d'attention et d'amitié de votre part, d'autant plus méritoire que je n'ai pas l'avantage de vous connaître personnellement ; il est vrai que sans ce préalable, les amateurs des arts et du bien public doivent partout s'entendre et se communiquer franchement leurs idées telles quelles ; et c'est à cette heureuse fraternité que la vérité gagne beaucoup.............................

» Je l'ai lu avec beaucoup d'intérêt, et toutes les personnes amies des améliorations d'économie publique, à qui je l'ai communiqué, l'ont lu avec un égal plaisir : j'applaudis à vos bonnes intentions, d'autant plus estimables qu'elles ne paraissent pas guidées par aucun motif de gloriole ou d'intérêt : rien de mieux par exemple que de faire rentrer au profit des communes ces nombreuses usurpations faites dans le temps d'anarchie ou de féodalité par des hommes puissans ; la masse timide des habitans n'avait jamais osé se prononcer.

» En attendant, veuillez bien recevoir l'assurance de mon estime bien sincère.   Signé, DUBEDOUT, fils. »

M. Tournon, préfet de la Gironde, nous écrivait de Bordeaux, le 20 janvier 1819 :   *Dialogue.*

« Monsieur, j'ai reçu l'exemplaire d'un dialogue entre un Maire du département des Landes et un agriculteur, que vous avez bien voulu m'adresser. Veuillez en agréer tous mes remercimens.

» J'ai lu avec intérêt cet ouvrage, qui m'a paru renfermer des vues utiles au perfectionnement de l'agriculture.

» J'ai l'honneur d'être, Monsieur, votre très-humble et très-obéissant serviteur.   Signé, TOURNON. »

M. le marquis de Lacaze, député du grand collége des Landes, nous écrivait le 32 décembre 1832 : ....

« Je vous exprime le plaisir que m'a fait éprouver la lecture *Idem.* de votre dialogue avec les Maires du département.............

M. Bleynie, naturaliste à St.-Paul (du littoral), nous écri- *Idem.* vait le 2 mars 1830 :

« Monsieur, j'ai reçu hier le paquet que vous m'avez adressé; recevez tous mes remercimens pour cet obligeant envoi. J'ai déjà lu votre entretien avec plusieurs Maires; je ne saurais qu'applaudir aux sages conseils que vous donnez à des gens qui n'ont pour guide qu'une routine vicieuse et qui trop souvent se refusent aux leçons de l'expérience. Nos Landes sont riches, ne nous lassons point de le répéter. Mais le sol aride, leurs marais nombreux, dégoûtent l'observateur superficiel.

» J'ai reçu avec le plus grand plaisir l'os provenant de la carrière de Bourguignon, en Tartas; je m'empresse d'en enrichir ma collection; la partie éburnée est d'une décomposition parfaite; la partie spongieuse n'a pas encore atteint le même degré et contient encore beaucoup de ch. phosph. Néanmoins, cet échantillon ne laisse pas que d'être très-curieux.............

» Je m'estime heureux de pouvoir vous être utile dans l'intéressante publication dont vous avez formé le projet ; je me ferais toujours un vrai plaisir de vous procurer tous les renseignemens qui seront à ma portée. Recevez-en l'assurance ainsi que celle des sentimens distingués avec lesquels j'ai l'honneur d'être, etc.   Signé, BLEYNIE, fils.

Dialogue.

M. César Moreau, président du conseil d'administration de l'Académie de l'industrie agricole, manufacturière et commerciale, nous écrivait le 11 janvier 1831 :

« Monsieur, avec votre lettre du 5 juin, où vous avez pris la peine d'écrire le sommaire de vos nombreux ouvrages, j'ai reçu votre dialogue entre plusieurs Maires du département des Landes et un agriculteur amateur. Je me suis empressé de mettre ces trois choses sous les yeux du conseil d'administration. En voyant....................................... le nombre prodigieux des ouvrages sortis de votre plume...

» En conséquence, il m'a chargé de vous répondre sur-le-champ, d'abord pour vous remercier du précieux hommage que vous avez fait à l'académie, et ensuite pour vous faire part des décisions que, d'une voix unanime, il a pris à votre égard.

» Le conseil, Monsieur...

Titulaire.

toutes relatives au grand objet de nos travaux, vous étiez unanimement propre à concourir de la manière la plus utile au succès de notre jeune et intéressante institution, a résolu que vous seriez prié, et cela par une lettre spéciale, d'accepter le titre de membre titulaire, honoraire où correspondant, à votre choix, de l'Académie de l'industrie.

» Nous ne pouvons vous dissimuler, Monsieur, que nous souhaitons vivement de voir incessamment en vous un collègue.

....

» Je ne finis point, Monsieur, sans vous prier au nom du conseil même de vouloir bien, quand la chose sera possible, nous faire passer les ouvrages dont vous avez donné un sommaire qui nous en a fait sentir à tous l'importance et le prix : nous sommes convaincus que nous aurons à y prendre une foule

de renseignemens capables d'ajouter beaucoup à l'intérêt du
journal de nos travaux.

» Recevez l'assurance de la considération très-distinguée avec
laquelle je suis votre très-obéissant serviteur.

» *Le Président du Conseil d'administration*,
Signé, César MOREAU.

Société Française de Statistique Universelle.

Paris, le 2 septembre 1831.

Monsieur,

J'ai l'honneur de vous prévenir que la Société, sur ma proposition au conseil et sur la présentation de celui-ci, vous a admis au nombre de ses membres correspondans et a donné ordre
que votre diplôme vous fut délivré. N°: 38, 428.

On a pris soin de le mettre sur papier de Chine, afin que le
port en soit moins coûteux..

La Société a autorisé le conseil a accorder à quelques correspondans la faculté de recevoir leur diplôme *gratis*. Je me suis
empressé de vous faire comprendre, en raison de vos...........
et de vos travaux, dans cette liste extrêmement restreinte. (30
décembre 1831.)

J'avais reçu, en son temps, la lettre que vous me faisiez
l'honneur de m'écrire le 24 juillet. J'ai présenté à la Société
l'hommage que vous vouliez bien lui faire de votre dialogue;
elle en a voté des remercimens que je suis chargé de vous transmettre, et elle a ordonné la mention de votre hommage sur
son bulletin, et le dépôt à la bibliothèque. Dialogue, etc.

J'ai soumis à nos classes des travaux votre proposition de
vous rendre utile à la Société, en nous faisant passer un *mémoire
sur la culture des pins*, etc., et leurs produits que nous pourrions désirer sur la statistique du département des Landes. Je
suis chargé en leur nom d'accepter ces offres utiles, et de vous
en adresser leurs remercimens sincères et l'expression de toute
la satisfaction que leur font éprouver votre zèle; le concours à
nos travaux que vous nous promettez, et l'amour que vous por-

tez à la science de la statistique..

Veuillez trouver ici, Monsieur, une nouvelle expression de ma considération distinguée.

Le Directeur général des Travaux Statistiques,
Signé, DE MONTVERAN.

Société Linnéenne de Bordeaux.

Bordeaux, le 15 février 1833.

Le Secrétaire général de la Société, à M. Saintourens.

Récipien-
daire.

Monsieur, la Société Linnéenne, dans sa séance du 8 février, vous a admis au nombre de ses membres correspondans, sur les conclusions de la commission chargée d'examiner votre intéressant mémoire sur les Landes; elle espère, Monsieur, que vous voudrez bien continuer à entretenir avec elle des relations scientifiques qui ne peuvent qu'être avantageuses au pays que nous habitons.

Heureux d'être son interprète auprès de vous, Monsieur, je vous expédie ci-joint le diplôme de membre de la Société Linnéenne de Bordeaux.

J'ai l'honneur d'être, avec la plus parfaite considération, Monsieur, votre très-humble serviteur.

Signé, Ed. LEGRAND.

4.
Tableaux
du produit
de
agriculture.

L'ami des arts, M. Badeigts de Laborde, nous écrivait de Saubusse, le 6 mars 1828 :

....

« Je vous remets vos intéressant tableaux........................

» Agréez, Monsieur, les expressions de mon entier dévouement. »

Idem.

Le Roi de Bacre, secrétaire de l'Académie de l'industrie agricole, etc., nous écrivait de Paris, le 23 septembre 1836 :

« Les deux tableaux que vous avez bien voulu adresser à notre académie ont été soumis à la commission supérieure qui les a examinés avec intérêt ; elle m'a chargé de vous remercier du zèle et du dévouement que vous ne cessez de témoigner à notre institution, et de vous engager à persévérer dans les efforts que vous faites pour être utile à notre patrie commune.

Je suis, avec une haute considération, Monsieur et honoré Collège, votre très-humble et très-obéissant serviteur.

Le Secrétaire de l'Académie,
Signé, LE ROI DE BACRE.

M. le baron d'Haussez nous écrivait de Bordeaux, le 2 juin 1824 :

« Monsieur, je reçois avec beaucoup de gratitude l'hommage que vous voulez bien m'adresser de vos utiles écrits sur les Landes, comme ceux que je connaissais déjà de vous : ils doivent stimuler le zèle des propriétaires et les éclairer sur leurs véritables intérêts. Je ne doute pas qu'ils contribuent au succès des mesures que je me propose de prendre pour familiariser mes administrés avec les vues que j'avais fait accueillir par vos concitoyens.

» L'entreprise projetée pour le défrichement des grandes landes ne paraissant pas avoir immédiatement de suite, je vous invite à publier tel qu'il est l'écrit que vous avez intitulé : *Rognures*.

» Je vous renvoie les manuscrits que vous avez eu la complaisance de me communiquer, parce que je présume qu'ils sont destinés à l'impression ; sans cette considération, j'aurais mis beaucoup de prix à les conserver.

» Agréez, Monsieur, mes remercîmens et l'assurance de ma considération distinguée.

» *Le Maître des Requêtes, Préfet du département de la Gironde*,
» Signé, D'HAUSSEZ. »

Académie Royale des Sciences.

Paris, le 16 octobre 1826.

Le Secrétaire perpétuel de l'Académie, à M. SAINTOURENS, membre de la Société d'Agriculture des Landes.

L'Académie, Monsieur, a reçu l'ouvrage que vous avez bien

(marginal notes)
5 et 6.
Coup-d'œil
sur
les Landes,
et Rognures.

7.
Idem.

voulu lui adresser et qui est intitulé : *Défrichement , Boisement des Landes incultes* ; 2 cahiers in-4.° J'ai l'honneur de vous informer que l'Académie, considérant l'importance de ce travail , a désigné MM. Boscq et Silvestre pour lui en faire un rapport.

Agréez, Monsieur, l'assurance de ma considération distinguée.

Signé , Baron FOURRIER.

(Suit le rapport.)

Les conclusions sont :

Rapport.

« En conséquence, M. Saintourens nous paraît mériter d'être encouragé par ses bonnes intentions , pour le zèle dont il a fait preuve en réunissant un grand nombre de matériaux statistiques agricoles , et en s'occupant avec continuité d'un objet qui est d'un grand intérêt pour une vaste contrée.

» Il doit être invité d'ailleurs à terminer le tableau qu'il annonce s'être occupé à préparer pour faire connaître toutes les cultures, etc. , qui ont été faites depuis 1814 dans le département des Landes.

» Nous avons l'honneur de proposer à l'Académie de répondre dans ce sens à l'auteur, en le remerciant de sa communication. — 29 janvier 1827. — Signés à la minute : BOSCQ et SILVESTRE, rapporteurs.

» L'Académie adopte les conclusions de ce rapport.

» Certifié conforme. — Le Secrétaire perpétuel, Conseiller-d'Etat, Grand-Officier de la légion-d'honneur, Signé, Baron CUVIER. »

Coup-d'œil sur les Landes, et Rognures ; regrets sur l'impression.

Le Ministre de l'intérieur nous écrivait , le 10 janvier 1827 :

« Monsieur, par votre lettre du 28 octobre dernier , vous m'avez demandé de vouloir faire imprimer aux frais du gouvernement un ouvrage manuscrit sur le défrichement et boisement des landes, que vous m'avez adressé le 19 juillet précédent.

» Je ne saurais, Monsieur, qu'applaudir au zèle qui vous a porté à recueillir les renseignemens contenus dans votre travail ;

mais quelque intérêt qu'il puisse offrir, j'ai le regret de ne pouvoir accueillir votre demande.

» Recevez, Monsieur, l'assurance de ma considération.

» Pour le Ministre : le Conseiller-d'Etat., Directeur-général de l'administration des Haras, de l'Agriculture et du Commerce, etc. (N.° 18,650 , intérieur.) ,

» Signé , SYREYS DE MARINHAC. »

M. Duboscq, membre du Conseil de préfecture des Landes, nous écrivait de Mont-de-Marsan, le 27 août 1828 :

« Monsieur, un voyage de quelques jours pour le Conseil de révision ne m'a point permis de vous renvoyer plus tôt l'opuscule que vous m'avez adressé.

» Conformément à votre recommandation, je l'ai présenté à M. le Préfet, qui en a pris connaissance. Il rend justice aux vues que vous ne cessez de produire pour le bien-être des malheureuses contrées que je viens de parcourir. Il serait à désirer que les propriétaires fussent animés de cette émulation qu'on leur inspire et dont les avantages seraient incalculables. Les bras leur manquent pour les objets qu'ils exploitent : comment se pourraient-ils livrer à de nouveaux établissemens qui ne se formeraient que sur les ruines de ceux qui existent.

» J'ai l'honneur de vous renouveler l'assurance de l'estime avec laquelle je suis, Monsieur, votre, etc.

» Signé , DUBOSCQ. »

M. Vilmorin, membre de l'Institut et de la Société Royale et Centrale d'Agriculture de Paris, nous écrivait le 15 septembre 1826 :

....

Cependant, je m'y suis trouvé lors de la dernière séance de la Société d'Agriculture d'août qui a précédé les vacances, et j'ai pu présenter à la Société les deux mémoires que vous m'avez fait remettre et qui m'étaient parvenus peu de jours auparavant. La Société les a accueillis avec intérêt et a nommé une Commission pour lui en faire un rapport : ce qui ne pourra avoir lieu toutefois qu'en novembre ou peut-être même en décembre, attendu qu'après la rentrée il arrive souvent qu'une ou deux séances sont entièrement absorbées par la correspondance accumulée. Vous pouvez toutefois être assuré que la chose marchera naturellement et que vous serez informé ultérieurement de ses suites par la correspondance officielle. (Nous ne l'avons pas reçue).

Canaux.

» Je viens de voir avec beaucoup d'intérêt dans les journaux que le projet des deux grands canaux des Grandes et Petites-Landes est définitivement adopté. C'est un véritable sujet de satisfaction pour tous les amis de la prospérité nationale, et c'en doit être particulièrement un très-grand pour vous, Monsieur, qui avez mis tant de zèle à recueillir des renseignemens statistiques sur cette contrée et sur les ressources qu'elle offre pour l'amélioration.

» Veuillez, Monsieur, agréer l'assurance de mon estime, et me croire bien sincèrement votre dévoué serviteur.

» Signé , VILMORIN. »

Le 23 janvier 1827, M. Vilmorin nous écrivait :

....

« Je commencerais par vous remercier des échantillons de chênes et de glands des forêts du canton de Dax que vous avez joints ; ceux-ci ont résolu la question que je m'étais faite au sujet de la végétation extraordinaire de chêne signalé dans l'ouvrage de M. Bonard. Je vous ai particulièrement obligation de la lettre de M. Ducros (ancien membre du conseil général) sur cette question ; elle me rend un compte parfaitement clair et satisfaisant, et dénote évidemment un esprit juste et éclairé. Je ne doute pas que M. de Bonard, inspecteur des forêts, à qui je me propose de la communiquer, n'en reçoive la même opinion, et qu'elle ne contribue à rectifier la première impression que lui avait fait naître des rapports moins précis..................................

8.
Rapport sur le Coup-d'œil des Landes, etc.; mention honorable.

» Je viens maintenant au rapport dont vous attendez depuis long-temps des nouvelles ; il a été fait à la Société d'Agriculture le 3 janvier, et je regrette d'avoir à vous annoncer qu'il n'a pas été aussi favorable que vous auriez pu le désirer. C'est moi qui on ai été chargé, mes collègues de la commission l'ayant absolument souhaité, malgré mes représentations : les conclusions reconnaissent pleinement et louent votre zèle pour l'amélioration de l'agriculture des Landes, et demandent la mention honorable, mais elle n'a pas été jusqu'à la proposition d'une récompense. »

Société Royale d'Agriculture du Département de Haute-Garonne.

Extrait du procès-verbal de la séance du 20 Mars 1827, par M. Dralet, titulaire, inspecteur-général des eaux et forêts.

Messieurs,

Je suis chargé de vous faire un rapport sur un manuscrit qui a été adressé à la société par M. Saintourens.

Cet ouvrage a pour titre de la première partie, la lettre d'envoi faite par l'auteur à M. le baron d'Haussez, ancien préfet des Landes, maintenant préfet de la Gironde, et la réponse de ce magistrat qui engage M. Saintourens à publier, telle qu'elle est, la deuxième partie de son ouvrage.

Après être entré dans divers détails statistiques, l'auteur exprime le vœu de voir mettre en vente les vastes landes communales, à la charge par les acquéreurs de les défricher, dessécher, de les mettre en culture et d'y faire des plantations de diverses espèces d'arbres qu'il indique.

Cette statistique est suivie d'un tableau des distances de chaque clocher du département au chef-lieu, qui est Mont-de-Marsan.

Enfin, la première partie de l'ouvrage est terminée par le plan d'un domaine tel qu'à l'avis de l'auteur.

Telle est, Messieurs, la substance de la première partie.

Ces renseignemens statistiques qu'elle renferme sont conformes à la connaissance que j'avais de nos départemens méridionaux, et l'on doit savoir gré à l'auteur d'avoir réuni ces renseignemens dans un cadre étroit où tous les faits sont exposés avec méthode et clarté.

Je passe maintenant à la seconde partie, intitulée *Rognures*. L'auteur y rappelle les généreux efforts qu'ont successivement MM. le comte d'Angosse et le baron d'Haussez, pour faire récupérer aux communes la propriété de terrains incultes qui ont été usurpés par les particuliers.

Tel est, Messieurs, le sujet de la seconde partie, dans laquelle on trouve le résumé des opérations importantes entreprises par MM. les préfets, et des obstacles qu'ont rencontré ces magistrats.

M. Saintourens, en indiquant les moyens de vaincre ces obstacles, a donné des preuves de zèle pour le bien public, et son essai n'est pas sans mérite, puisque M. le baron d'Haussez, qui a une parfaite connaissance des localités et des opérations auxquelles il a puissamment concouru, a invité l'auteur à publier les Rognures que je viens d'analyser.

La société approuve ce rapport et en adopte les conclusions.

Certifié conforme :
Le président de la société royale d'Agriculture,
Signé, Baron de MALARET.

(L'auteur n'a pas connaissance des Rapports des Sociétés Linnéenne de Bordeaux, ni de la Société Française de Statistique Universelle.)

Académie de l'Industrie Agricole, Manufacturière et Commerciale.

Paris, le 4 Juillet 1831.

M. César Moreau, Directeur-général, à M. Saintourens,
Membre de l'Académie, à Tartas.

Monsieur,

Coup-d'œil
sur
les Landes.

Je m'empresse de vous adresser de sincères remercîmens au nom du Conseil et au mien, pour l'importante communication que vous venez de me faire. Nous y avons vu une nouvelle preuve de votre savoir en Agriculture et en histoire; aussi, Monsieur, cette communication a-t-elle été sur-le-champ l'objet d'une discussion approfondie, à la suite de laquelle il a été résolu que, vu son étendue et son intérêt, elle serait insérée au *Dictionnaire d'Agriculture*, dont l'Académie a ordonné la prochaine publication ; on a pensé que , réunie à d'autres considérations puisées ailleurs, elle figurerait d'une manière brillante sous le mot *Landes*, etc................................

Monsieur et très-honoré Collègue,

Votre très-humble, etc.

Le Président du Conseil,

Signé, César MOREAU.

M. le Chevalier Martin Ramonbordes , ancien Procureur-général près la Cour criminelle du département des Landes, séant à Dax, nous écrivait le 21 mars 1832 :

« Monsieur ,

....

» C'est, malgré toutes les révolutions passées et futures , ce que le public , à qui peut-être vous destinez votre ouvrage , a aimé et aimera à connaître ; j'applaudis à vos soins , à vos recherches , et je vous crois heureux. Je désire que votre santé se rétablisse ou se soutienne si elle est en bon état; mais ne m'imitez pas, ménagez vos forces , car une étude trop assidue , une application trop contentieuse , finissent par épuiser et produire des souffrances bien vives. (L'auteur a été attaqué d'une colique qui l'a tourmenté deux ans , et il lui reste une incommodité dans l'organe de l'ouïe.) Je l'éprouve et je ne vois pas de remède (nous aussi) à l'infirmité que le travail de cabinet m'a donné.

» Recevez mes remercimens du plaisir que votre ouvrage m'a procuré et agréez les vœux que je fais pour votre santé et votre prospérité.

» Signé , RAMONBORDES , Chevalier de la Légion. »

Voyez le *Journal des Landes* du 19 décembre 1830.

M. Billaudel , ingénieur en chef du département de la Gironde , naturaliste à Bordeaux , nous écrivait le 3 mai 1835 :

....

« Il ajoutait : je sais que votre département est riche en produits naturels et qu'il possède aussi des hommes habiles, capables de les apprécier et de les décrire. MM. Grateloup et Lartigue, de Dax, nous ont entretenus des coquilles fossiles et du bitume de Gaujac. M. Léon Dufour, à St.-Sever, M. Thore, à Dax, ont étudié la botanique et l'entomologie. Il est digne de vous, Monsieur, de préparer une carte géologique où seront rassemblées toutes les observations qui vous sont personnelles ou qui ont été recueillies par vos honorables concitoyens. Le catalogue de vos nombreux ouvrages que vous avez publiés annoncent, Monsieur, que vos connaissances sont aussi variées que votre zèle est infatigable. Vous trouverez dans l'approbation des habitans de votre département et de tous ceux qui s'occupent des sciences naturelles, agricoles et archéologiques, la récompense des travaux utiles auxquels vous vous livrez sans relâche.

» Veuillez agréer, Monsieur, l'expression des sentimens de votre très-humble et très-obéissant serviteur.

» Signé, BILLAUDEL. »

12.
Réponses
aux questions
ministérielles

M. le baron d'Haussez, préfet de la Gironde, nous écrivait de Bordeaux le 13 janvier 1829 :

« Monsieur, je vous prie de recevoir mes remercimens de l'envoi que vous avez bien voulu me faire de l'ouvrage renfermant vos réponses aux questions qui vous ont été adressées par le Ministre. Elles m'ont de nouveau convaincu de votre ardent désir d'être utile à votre pays et que vous avez bien reconnu toutes les améliorations dont il est susceptible.

» A mon arrivée à Paris, je rappellerais à Son Excellence le Ministre de l'Intérieur, l'envoi que je lui ai fait de votre dernier mémoire.

» Recevez, Monsieur, l'assurance de mes sentimens distingués.

» *Le Conseiller d'État*, *Préfet de la Gironde,*
député des Landes,

» Signé, Baron D'HAUSSEZ. »

M. le baron Lamarque nous écrivait, le 7 février 1829 : *Idem.*

« J'ai remis moi-même à M. Ch. Dupin votre excellent mémoire sur les Landes ; je lui en parlerais encore demain à la séance.

» S'il y avait dans le département beaucoup d'hommes qui s'occupassent autant que vous des intérêts du pays, nous le verrions promptement s'élever à un point de prospérité dont malheureusement il est bien loin.

» Agréez, mon cher Monsieur, l'assurance de ma considération distinguée et toute particulière.

» Signé, Max. LAMARQUE,

» *Lieutenant-général, député des Landes.* »

(La France l'a perdu le 3 juin 1832 ; le département le déplore.)

Société Linnéenne de Bordeaux.

Bordeaux, le 15 mars 1829.

Le Secrétaire de la Société, à M. SAINTOURENS, *membre de la Société d'Agriculture des Landes, à Tartas.*

« Monsieur,

» La société Linnéenne a reçu avec reconnaissance votre *Réponse* mémoire sur les Landes, en réponse aux questions ministériel- *aux questions* les que vous lui avez envoyé ; elle en a reconnu tout l'intérêt et *ministérielles* a chargé un de ses membres de lui en faire un rapport qui sera inséré dans *l'Ami des Champs* ; elle vous en adresse ses remercîmens bien sincères.

» Agréez, Monsieur, les nobles sentimens de votre dévoué serviteur.

» Signé B. TEULÈRE, *secrétaire-général.* »

(Suit le rapport inséré dans *l'Ami des Champs*, journal d'Agriculture, de Botanique et bulletin Littéraire du département de la Gironde, juin 1829, n.° 76.)

Rapport de la commission des Landes , sur un mémoire de M. SAINTOURENS, *présenté à la Société Linnéenne.*

« Messieurs,

» C'est plus que jamais le moment de recueillir et de propager tout ce qui peut tendre aux progrès de l'Agriculture. On a eu l'air un instant d'être embarrassé de l'accroissement de la population en France ; on oubliait sans doute , alors, que cette belle partie de l'Europe, une des plus favorisées par sa position topographique , contient encore de vastes contrées stériles et désertes. Les villes , en effet, voient chaque jour accroître leur population ; mais les campagnes manquant de bras sont abandonnées : le sol cesse de produire et la source de richesse se tarit.

»Remettons donc en honneur les travaux des champs par tous les moyens qui peuvent être en notre pouvoir , et répondons d'une manière satisfaisante aux intentions d'un gouvernement qui sent tout l'intérêt de l'harmonie d'une sage politique ; c'est un devoir que l'homme de bien doit remplir avec toute l'exactitude que ses facultés lui permettent. Un nouvel exemple , entr'autres, d'une si noble tâche, se trouve dans le mémoire de M. Saintourens , et c'est sur cet écrit , Messieurs, que vous avez chargé la commission de vous présenter un rapport.

» Dans ce mémoire , l'auteur répond à des *questions* qui lui ont été adressées par le Ministre de l'Intérieur , pour savoir quels seraient les meilleurs moyens de rendre les Landes de l'ancien district de Tartas et de l'arrondissement de Dax , plus saines , moins stériles , moins pauvres et plus populeuses ; c'est du moins le but auquel semblent tendre les six questions mentionnées dans ce mémoire. On ne pouvait mieux s'adresser pour obtenir des solutions positives et évidentes : comme arpenteur-expert de ces contrées et comme membre de la société d'Agriculture , arts, etc. , du département des Landes , à laquelle il a déjà été présenté plusieurs mémoires d'économie rurale et industrielle.

» M. Saintourens étaye ses réponses de documens historiques et statistiques d'un intérêt majeur, et qui complètent parfaitement le travail dont il était chargé. L'étendue des marais, le système de canalisation, l'écoulement des eaux, les plantations diverses, tout est mentionné avec exactitude et connaissance de cause. Il fait sentir en passant combien il est à regretter que le bon Henri IV n'est pu accepter l'offre d'un million de maures d'Espagne qui voulaient défricher les Landes. Car aujourd'hui nous aurions probablement une contrée comparable au royaume de Grenade, là où l'on ne voit encore que misère et tristesse et où ne règne que le silence des déserts.

» L'auteur, pour remplir sa tâche, rappelle en peu de mots les mesures que le gouvernement et les administrations pourraient mettre en vigueur pour favoriser la fertilisation de ces contrées : par des encouragemens, par de sages concessions, soit à des particuliers, soit à ces compagnies qui peuvent faire ce qu'un seul ne peut entreprendre. Les travaux agicoles ramèneraient des bras vers un sol nourricier et l'agriculture reprendrait toute la splendeur qui lui est naturellement dévolue. Car sans agriculture, point de richesses, point de nation, point de royaume.

» Telles sont, Messieurs, les vues principales que la commission a remarqué dans l'intéressant Mémoire de M. Saintourens. Elle vote pour l'auteur des remercimens bien mérités. T., Rapporteur, approuvé par le conseil.

» *Le secrétaire-général*,

» Signé, H. GACHET. »

Le Préfet des Landes nous écrivait le 26 mars 1831 :

« Monsieur,

» J'ai l'honneur de vous renvoyer d'après votre demande le mémoire où vous avez répondu à une série de questions présentées par M. le Ministre de l'Intérieur. Je vous remercie de la communication que vous avez eu l'obligeance de me faire de

Réponse aux questions ministérielles

cet ouvrage que j'ai lu avec beaucoup d'intérêt..................
» Agréez, je vous prie, l'assurance de toute ma considération.
» *Le Préfet des Landes*,
» Signé, GOUBAULT. »

Questions ministérielles — Réponses. Le vénérable et philantrope M. Salles, ancien président du tribunal civil du département des Landes, séant à Dax, jurisconsulte à Préchacq, nous écrivait le 16 novembre 1832 :
» Monsieur, j'ai reçu le mémoire que vous avez eu la bonté de m'envoyer contenant une série de questions ministérielles sur les landes et les marais de l'ancien district de Tartas et de l'arrondissement de Dax.

» J'ai lu avec plaisir les réponses que vous y avez jointes ; elles sont très-instructives ; elles prouvent et vos démarches ultérieures, et le désir que vous avez d'être utile à notre pays.

» Je fais des vœux les plus sincères que le gouvernement les prenne en grande considération.

» Recevez mes remercimens pour la communication que vous avez bien voulu m'en faire.

» J'ai l'honneur, etc.   Signé, SALLES. »
(Décédé le 8 novembre 1834, généralement regretté).

M. le vicomte de Vidart, avocat, ancien membre du conseil général du département des Landes, nous écrivait de St.-Sever, le 17 octobre 1836 :
« J'ai beaucoup de remercimens à vous faire de ce que vous avez bien voulu me communiquer votre ouvrage sur les Landes ; je l'ai reçu avant-hier samedi, et quoique je dusse partir demain pour Paris, j'ai trouvé le temps de le lire.

» Veuillez, Monsieur, recevoir avec l'expression de ma haute estime et l'assurance de la parfaite considération avec laquelle je suis votre très-humble, etc.
» Signé, V.te DE VIDART. »

Madame de Vidard, née Maurian, nous écrivait de sa campagne de Beylonque, le 12 novembre 1836 :
« Je vous remercie bien, Monsieur, de l'ouvrage que vous

avez la politesse de m'envoyer; je l'ai lu avec beaucoup d'intérêt. Après le travail que l'on consacre à la religion (catholique, apostolique, romaine), il n'en est point de plus louable sans doute, que celui qui a la Patrie pour objet; aussi tout le département applaudit à vos travaux et vous compte au nombre des citoyens dont il s'honore. En mon particulier, je suis bien aise de trouver l'occasion de vous donner un témoignage de mon estime et de ma considération distinguée.

» Signé, MAURIAN DE VIDART. »

M. le chevalier Duprat, président de chambre à la Cour royale de Bordeaux, nous écrivait le 8 novembre 1839 :

« Le mémoire qui m'a été communiqué de votre part, je l'ai lu avec intérêt. Cet opuscule est une nouvelle preuve des efforts que vous ne cessez de faire pour faire vivifier nos malheureuses Landes.

» J'ai la conviction que si le canal est jamais exécuté, lui seul suffira pour nous assainir nos Landes et y porter l'abondance.

» Un bon citoyen doit faire des vœux pour le pays qui l'a vu naître.

» Adieu, mon cher Monsieur, etc.   Signé, DUPRAT. »
(Décédé le 30 août 1840, légiste érudit, généralement regretté, philantrope.)

Académie de l'Industrie Agricole, Manufacturière et Commerciale.

Paris (bureau de l'Administration, place Vendôme, n.° 12), le 19 Juin 1834.

Monsieur et honorable Collègue,

J'ai l'honneur de vous informer que l'Académie, en exécution de son arrêté du 24 décembre 1832, et d'après le rapport des récompenses et de la Commission supérieure, vous a décerné, dans sa séance solennelle de l'Hôtel-de-Ville de Paris, le 22 mai dernier, sous la présidence de M. le Duc de Montmorency, une médaille d'honneur, en bronze, comme un témoi-

13.
Mémoire sur la tourbe, honoré d'une médaille d'honneur.

gnage de sa satisfaction et un encouragement aux travaux utiles dont vous avez enrichi ses publications pendant l'année 1833.

Je me félicite d'être chargé de vous faire part de la distinction méritée dont vous avez été l'objet, et tout en vous invitant à vouloir bien continuer, à l'avenir, à coopérer, par votre exemple et vos écrits, à l'amélioration progressive des trois industries dont notre Académie poursuit le développement par ses travaux, je m'empresse de vous transmettre ci-joint un bon au moyen duquel vous pouvez faire prendre dans les bureaux de l'Administration de la Société, la médaille qui vous a été décernée.

Permettez-moi de joindre mes félicitations personnelles à ce témoignage d'estime d'une Société qui s'honore de vous compter parmi ses membres les plus utiles, et veuillez agréer la nouvelle assurance de la parfaite considération avec laquelle j'ai l'honneur d'être, Monsieur et honorable Collègue, votre très-humble et très-obéissant serviteur. Signé, le Président du Conseil d'Administration,

CÉSAR MOREAU.

14 et 15. Charbon de terre. — Voyez pages 10 et 11.

Société Française de Statistique Universelle.

Paris, le 25 Avril 1832.

Le Directeur-Général des travaux statistiques, à M. Saintourens, Membre de la Société Française de Statistique Universelle.

Monsieur,

16.
Fontaines et eaux remarquables
Je n'ai reçu votre lettre que vous m'avez fait l'honneur de m'écrire le 24 février, que le 9 juillet; j'ai également reçu, peu de jours après, votre Notice sur les Fontaines et Eaux remarquables dans le département des Landes; je vous en fais, Monsieur, mes remercîmens en attendant que je vous adresse ceux de la Société.

L'épidémie a empêché toute réunion de la Société et autres

que celle du bureau dans lequel se trouvent concentrées toutes les affaires. Nous ne publierons donc pas de Mémoires cette année.

Veuillez trouver ici une nouvelle expression de ma parfaite considération pour vous.

Le Directeur-Général des Travaux,
Signé, De MONTVERAN.

Résumé du Rapport sur le Pavot, fait par l'auteur titulaire, à la Société d'Agriculture, Arts, Commerce et Manufactures des Landes, dans sa séance du 14 Janvier dernier, et sur les progrès agricoles, etc.

17.
Rapport de l'auteur sur le pavot.

« Le Lieutenant-général Lamarque, à Saint-Sever, a essayé, pendant plusieurs années, la culture du colza, qui enrichit la Belgique et la Flandre ; mais cette espèce de choux, qui réussit toujours, exige une grande quantité de fumier et une terre grasse et profonde ; il a donc cru qu'il valait mieux cultiver le pavot blanc ; il a trouvé l'avantage de ne rien changer à l'assolement de ses terres, et qu'il pourrait semer sur le maïs et le récolter assez à temps pour y semer le froment.

» Il a fait des expériences en grand et les a abandonnées à l'intelligence de ses colons.

» Il a fait, le 1.er avril, environ trois hectares de pavots (1) ; il en a mis dans des terres d'alumine de Chalosse, dans des terres purement siliceuses des Landes, et dans des terres mi-partie alumine de Benquet.

» Les pavots semés en échelons lui ont parfaitement réussi, et ceux de Benquet médiocrement ; ceux des landes du tout, excepté une petite quantité confiée aux sables très-amendés et plus beaux que ceux de Chalosse.

» Cette culture n'offre aucune difficulté.

» Ses graines, exprimées à Saint-Sever par M. Castaing, et à

_____

(1) L'auteur cultive les pavots de toutes couleurs, fait ses semis en octobre, en juin et juillet. Il en recueille de l'opium en abondance. Ces plans d'un an ont bravé les rudes hivers de 1829 et 1830.

Mont-de-Marsan, par M. Dives, ont donné plus de 25 p. 100, environ le quart d'huile ; c'est-à-dire, qu'un kilogramme de pavot a fourni plus de *huit onces*.

» Cette huile s'est trouvée excellente.

» Le général Lamarque l'a essayée dans une table où l'on a servi deux salades assaisonnées, l'une avec de la meilleure huile de Provence, l'autre avec de l'huile de pavot, et les gourmets très-délicats n'ont pas su les reconnaître.

» Nous nous sommes procuré une bouteille d'huile de la fabrique du général Lamarque ; nous la déposons sur le bureau et nous engageons la Société à faire la même expérience en l'employant avec une salade assaisonnée avec l'huile d'Aix.

» Il en a envoyé à Bordeaux, et on l'a trouvée de beaucoup supérieure à celle qui vient de Flandre. Il est vrai qu'elle était faite à froid.

» Les préjugés qu'on avait conçu contre l'huile de pavot ont été tout-à-fait détruits par l'analyse chimique, et l'on s'est convaincu que cette huile, dont les Romains se servaient et dont on fait un si grand usage en Allemagne, ne contient pas la plus légère partie de substance narcotique.

» M. le général Lamarque a encore fait l'an dernier un autre essai qu'il se propose cette année de renouveler en grand, celui d'extraire de l'opium.

» Il en a remis environ trois onces à l'illustre chimique Caventon, qui a été épouvanté (ce sont ses expressions) de la quantité de morphine qu'il en a retiré, et il en a fait un rapport à l'Académie. Il a déclaré que l'opium qui lui avait été fourni par le général Lamarque, était beaucoup supérieur à celui de l'Orient.

» Il se propose cette année d'en faire par incision, par pression et par coction.

» La culture de cette plante va devenir pour le propriétaire et le colon qui sauront abandonner la *coutume*, un surcroît de revenu, à l'économie rurale et domestique, aux manufactures de lainage, du savon, etc., un rabais de moitié prix, et du travail à la classe indigente qui croît extraordinairement.

» Les hommes sages doivent accueillir et accréditer par leur exemple toutes les innovations avantageuses; en augmentant ainsi les produits territoriaux, on mérite bien de son pays.

» Nous désirons, mes chers Confrères, que tous ces petits détails que je me suis efforcé d'abréger, puissent vous intéresser et seconder vos vues philantropiques pour l'amélioration de notre département.

» Nous engageons la Société à voter des prix et des médailles d'encouragement aux cultivateurs qui entreprendront la bonne culture du pavot. »

Paris, 10 octobre 1831.

Le Président du Conseil d'Administration, Directeur-général des travaux, à M. SAINTOURENS, *membre de l'Académie.*

« Monsieur et honorable Collègue,

....

» Nous vous remercions vivement, mes Collègues et moi, de l'important ouvrage que vous venez de nous adresser sur la culture du pin maritime..
mais je crois pouvoir vous assurer qu'il fixera particulièrement l'attention du Conseil, auquel il ne tardera point d'être soumis. La lecture du 9.e n.o vous apprendra ce qu'il aura été décidé sur cette importante communication......................................

» Nous sommes très-satisfaits, Monsieur, j'ai le plaisir de vous le répéter, de vous avoir gagné à une cause que vous servez avec tant de zèle et d'éclat. Vous pouvez donc être bien convaincu que votre tribut mensuel sera pour nous tous accueilli avec d'autant plus de reconnaissance, que nous ne doutons pas qu'il ne nous fournisse les moyens d'atteindre plus sûrement et plus tôt l'honorable but de nos philantropes efforts.

» Agréez la nouvelle assurance de la considération très-distinguée avec laquelle je suis, Monsieur et très-honoré Collègue, votre très-humble et très-obéissant serviteur.

» Signé, CÉSAR MOREAU. »

18.
Mémoire sur les forêts de pins, etc, honoré d'une médaille d'honneur.

4

Société Française de Statistique Universelle,

Paris, le 10 octobre 1831.

Monsieur,

No 77, 482.
Mémoire
sur
les pins.

J'ai reçu vers le 15 septembre les deux lettres que vous m'avez fait l'honneur de m'écrire les 6 et 10 septembre, et dont la dernière accompagnait l'envoi de votre mémoire sur la culture des forêts de pins dont vous faisiez hommage à la Société. Je le lui ai présenté dans la séance mensuelle du 20 septembre, avec une courte analyse des matières et le sentiment profond du mérite de l'ouvrage et de son utilité. La Société en désire l'impression, et elle sera faite d'ici à un mois. (Nous ne l'avons pas reçu.)

Elle a ordonné en même temps le dépôt dans sa bibliothèque; mais elle a insisté beaucoup sur tous les remercimens étendus que je devais vous adresser en son nom.

Je trouve une véritable satisfaction, Monsieur, à vous les faire.

Veuillez agréer, Monsieur, l'assurance de ma considération distinguée.

Le Directeur général des travaux statistiques,
Signé, DE MONTVERAN.

Des Pins des Landes.

Rapport.

Rapport présenté à la Société Linnéenne dans sa séance du 8 février 1833, par M. Petit-Lafitte, titulaire, sur un ouvrage de M. SAINTOURENS, de Tartas, ayant pour titre : Mémoire sur les forêts de pins du département des Landes.

Monsieur Saintourens, de Tartas, actuellement membre correspondant de la Société, vous a fait parvenir un mémoire sur les forêts de pins du département des Landes.

Dans ce mémoire, remarquable sur tout le grand nombre de faits intéressans qu'il renferme et par les questions économiques qui y sont résolues, peut-être pour la première fois, vous reconnaîtrez facilement l'œuvre de votre laborieux correspondant, de l'un de ces hommes qui ne négligent aucune circonstance, aucune occasion de se rendre utiles aux localités qu'ils habitent, et dont l'exemple, s'il était suivi, imité, aurait pour résultat la connaissance d'une foule d'observations propres à dresser une Statistique Agricole de France, ouvrage qui manque encore à notre pays.

Quoique le département des Landes tire son nom de ses propres revenus du pin (*) (*pinus maritima*) , et qu'il en soit de même pour quelques parties de ceux de la Gironde et du Lot-et-Garonne (**) , il n'est pas moins vrai que ce genre d'exploitation rurale et la pratique de tous les travaux qu'il exige, sont une espèce d'exception comparée aux autres systèmes d'agriculture usités dans le reste de la France, et sous ce rapport, il était intéressant d'en établir les principes, que l'on ne trouve consignés que dans un petit nombre d'ouvrages.

Il est d'ailleurs bien des propriétaires dans notre département, ceux qui possèdent des forêts de pins, qui liraient avec intérêt le mémoire de M. Saintourens, et qui y puiseraient des connaissances capables d'éclairer leur pratique et de leur épargner des expériences souvent dispendieuses, auxquelles ils sont forcés d'avoir recours par suite du défaut de traité spécial sur l'un des plus importants produits des Landes.

D'après ces divers motifs, vous voudrez bien permettre, Messieurs, que je vous entretienne un moment du travail de votre correspondant, malgré la difficulté qu'il y aura pour moi de faire l'analyse d'un ouvrage dans lequel on ne rencontre que des faits et observations qu'il n'est guère possible de citer isolément sans leur faire perdre une partie de leur importance.

Après avoir reconnu l'absence totale de tout monument ca-

(*) Le département des Landes possède 121,900 hectares de forêts de pins, plus du dixième de la superficie, qui est évalué à un million d'hectares, par M. Saintourens.

(**) Le département de la Gironde renferme à peu près 11,000 hectares de forêts de pins.

Celui de Lot-et-Garonne, 3,119.

pable de fixer l'observateur sur l'époque à laquelle le pin maritime fut introduit dans les Landes, M. Saintourens fait la des-
cription de cet arbre précieux qui semble avoir été créé pour
prouver qu'il n'est aucune terre aussi stérile qu'elle paraisse au
premier coup d'œil, qui ne soit susceptible de donner quelque
genre de produit, toutes les fois qu'en récompense des peines et
des soins qu'il lui prodigue, l'homme n'exige d'elle que ceux
de ses produits qui lui sont propres, que ceux indiqués par les
élémens de sa constitution, par la présence de ses végétaux
dont la nature elle-même y jeta les semences.

Viennent ensuite les diverses manières de former les forêts de
pins, ou par semis, que tout le monde connaît; on en replante
les sujets encore jeunes, méthode que peu de gens pratiquent et
que le préjugé repousse malgré ses avantages et les faits qui
prouvent sa facile exécution : voici du reste par quels moyens
un propriétaire du département des Landes (M. Luxcey père,
ancien magistrat, à Morcenx, canton d'Arjuzanx, premier arrondissement du département des Landes), s'est procuré cin-
quante arpents de pins dont les brins ont été replantés : « On
peut choisir pour ces plantations un terrain à la fois élevé et
sablonneux ; on fait des trous portant 8 à 10 pouces carrés
d'entrée, se réduisant de quatre à cinq dans le fond, sur un pied
de profondeur ; on lève ensuite avec une pelle de jeunes pins
de l'âge de deux à trois ans (s'ils ont de trois à cinq pieds de
hauteur), avec la motte carrée dans le sens des trous et en pointe.
On a soin de tailler les principales racines et de placer avec
précaution le plan ainsi que la motte ; on garnit bien les vides
en pressant la terre avec les pieds, et enfin on partage en deux
la première motte provenant de la fosse et on la renverse
pour entourer l'arbre et lui servir d'appui. »

Passant sous silence tout ce qui a trait aux soins à donner aux
pins jusqu'au moment où ceux qui ont acquis assez de développement pour qu'on puisse en extraire la résine, si l'on juge
convenable de les exploiter de cette manière, je pense que la
société me saura gré de l'entretenir un moment des procédés

usités dans les Landes pour arrêter les terribles incendies qui
s'y déclarent quelquefois ; pour cela je laisserai encore parler
l'auteur qui ne peut manquer d'avoir été témoin lui-même des
scènes qu'il décrit avec son exactitude accoutumée.

« Les travailleurs se munissent de suite de branches vertes
et rameuses ; ils prennent à distance relative un alignement de
front contre l'incendie ; ils allument devant eux les fougères et
autres matières combustibles qu'ils éteignent ensuite à mesure
qu'ils avancent de l'incendie en les frappant avec leurs branches
vertes, les couvrant de terre avec leurs pelles, ce qu'on nomme
un *contre-feu* ; lorsque l'incendie arrive, ne trouvant plus d'a-
liment, il est forcé de s'arrêter et de s'éteindre ; c'est l'unique
moyen dont on se sert dans le Marencin (*) ; le peuple y est
très-adroit. »

L'opération à laquelle on soumet les pins pour en extraire de
la résine, se désigne dans la localité sous le nom de gémer ; elle
se pratique en janvier et février, époque à laquelle le gémier
racle sur un côté de l'arbre la superficie de l'écorce pour en
déboucher les pores et donner passage à la résine lorsque celle-
ci vient à monter (**).

Il n'est aucun de nous qui n'est remarqué en parcourant les
Landes, ces longues entailles dont sont garnis les pins résineux ;
mais tout le monde, sans doute, n'a pas eu occasion de voir
travailler l'ouvrier qui les exécute en montant pour cela (car
ces entailles ont jusqu'à 12 à 15 pieds d'élévation) sur une
échelle extrêmement simple, puisqu'elle n'est autre qu'une
gaule fourchue munie de huit à dix repos ; l'auteur du mémoire
assure que pour faire usage de cette échelle il faut être très-
leste et très-habitué à s'en servir.

La matière qui découle des pins gémés est de deux sortes,

(*) En thermidor an 11 (1793, 4,692 hectares de pins, contenant environ 700,000
pieds, furent incendiés en deux jours dans cinq communes du département
des Landes.

(**) Chaque pin soumis à cette opération donne de 15 à 20 centimes de revenu
annuel.

celle qui vient se rendre dans un petit réservoir pratiqué au pied de l'arbre, se nomme résine *molle*; celle qui s'étend cristallisée aux parrois de ce même arbre en est détachée avec un instrument de fer, porte le nom de *galipot*.

Ces deux produits, soumis à des manipulations qu'il serait trop long de rapporter ici, mais qui sont décrites dans le mémoire avec un soin tout particulier, donnent naissance à plusieurs autres qui, selon leur nature particulière, sont connues dans le commerce sous les dénominations diverses de Pâte de térébenthine, d'Essence ou Huile de térébenthine, de Brai sec, de Résine jaune, de Poix noire ou Peigle, de Peigle franc, de Brai gras, de Poix de Bourgogne ou de cordonnier.

S'occupant ensuite du goudron, M. Saintourens nous initie à tous les secrets de la fabrication de cette précieuse matière qu'on sait être le produit de la combustion de la partie des pins dont on a extrait la résine; cette opération donne en outre le meilleur charbon provenant de cet arbre.

Il s'en faut de beaucoup cependant que toutes les manières de faire le goudron soient également avantageuses à celui qui les pratique, et ce n'est pas sans peine que l'on est parvenu à introduire, dans un pays ennemi des innovations, celles que la science et l'expérience ont désignées comme étant les meilleures.

Au nombre des hommes qui se sont le plus occupés de tout ce qui a rapport aux produits résineux de nos Landes, il convient de citer l'immortel Colbert, et, dans ces derniers temps, le savant ministre Chaptal, qui mérita si bien d'être comparé au régénérateur de l'industrie française.

C'est sous l'administration et par les soins de M. Colbert que l'on fit venir dans le Marencin un certain nombre d'ouvriers suédois qui montrèrent au gens du pays la manière dont on procédait dans le Nord à l'extraction du goudron, au moyen d'un appareil très simple, désigné par cette raison sous le nom de *four à la suédoise*. Le mémoire que j'analyse entre, au sujet de ce four, dans des détails économiques que je regrette de ne pouvoir reproduire.

Que si les propriétaires de pins trouvaient plus d'avantage, par suite de la facilité du transport, à vendre ces arbres, soit comme bois de construction, soit comme bois de chauffage, M. Saintourens n'a pas de peine à faire remarquer toute l'importance de ce mode d'exploitation, et c'est ce qui conduit à déplorer, avec toutes les personnes qui se sont occupées d'un tel sujet, la lenteur que l'on apperte à l'exécution des projets qui doivent doter les Landes des voies de communication qui leur manquent.

Enfin, reste un dernier produit qu'il est facile d'obtenir du pin ou des matières provenant de cet arbre, et sur lequel s'est encore fixée l'attention de notre observateur. Ce produit est le noir de fumée dont les arts font une si grande consommation, et dont nous pourrions, par les moyens indiqués dans le mémoire, approvisionner nos voisins. M. Saintourens décrit avec soin les différens appareils de cette fabrication aussi simple que facile à exécuter.

Il en est de même pour tout ce qui a rapport à l'art de convertir le bois en charbon ; on sait que cette branche d'industrie est très-répandue dans les Landes et que son exécution, facile en apparence, exige, pour être bien dirigée, une foule de combinaisons qui ne sont pas toujours du ressort des hommes habitués ordinairement à ce genre de travail.

Mais une partie vraiment intéressante du mémoire dont j'ai l'honneur de vous entretenir, c'est celle dans laquelle l'auteur établit la possibilité de cultiver dans les Landes le pin de Riga (*pinus novalis*), cet arbre précieux qui fournit à la marine la mâture de ses vaisseaux.

Rien en France n'est capable de remplacer les tiges droites et élevées des pins de Riga, quand la guerre ne permet pas leur introduction dans nos ports.

On vit en 1782, à Bayonne, quatre de ces tiges de 70 à 75 pieds de long sur deux pieds d'écarrissage, se vendre 11,800 fr.

M. Bathedat, armateur, demeurant à Vicq, près Tartas, a essayé de naturaliser cet arbre utile dans la partie sablonneuse qui abonde en pins maritimes ; il fit venir de Riga, il y a 45 ans, une certaine quantité de graine qu'il sema dans la commune de Garrosse, canton d'Arjuzanx ; elles levèrent parfaitement et produisirent un très grand nombre de jeunes pins.

Le semis a prospéré : il y a 25 ans que 400 pins avaient 50 pieds d'élévation ; ils étaient droits comme des cierges ; aujourd'hui (1827), ils sont réduits à 100 et ont une hauteur de 100 pieds ; ils promettent toujours d'acquérir une très grande élévation.

Ce fait est de la plus haute importance et mériterait d'être offert à la méditation de tous les propriétaires des Landes ; puissent-ils, imitant l'exemple rapporté par M. Saintourens, doter notre pays d'un genre de production dont ils ne seraient pas les derniers à sentir l'immense avantage.

Tel est l'ouvrage que nous devons à l'expérience et à l'observation d'un homme jaloux de s'associer à la prospérité de son pays et mu par le louable désir d'y concourir de tous ses moyens : de tels sentimens sont trop honorables pour qu'il soit besoin de leur prodiguer ici tous les éloges qu'ils méritent.

Convaincu de nouveau, d'après la lecture du mémoire de M. Saintourens, que parmi les nombreuses espèces d'arbres cultivés en France il n'en est aucun dont les produits soient aussi variés que ceux du pin maritime, votre rapporteur, Messieurs, a essayé de vous dresser un tableau de ses divers produits ; ce tableau peut être considéré comme le résumé du travail qu'il vient de vous soumettre.

(Suit le tableau.)

EXPLOITATION DU PIN MARITIME.

1° PAR L'OPÉRATION DITE *gémer*.	2° PAR COUPE RÉGLÉE.		OBSERVATIONS.
PRODUITS.	PRODUITS.		
Résine molle, ⎫ au soleil ou à Pâte de térébenthine, ⎬ la chaudière, Essence de térébenthine. ⎭ Brai sec, Résine jaune, Poix noire ou peigle. Peigle franc, Brai bâtard, Brai gras, Poix grasse, Goudron, Noir de fumée, Charbons.	Pour construction. — Poutres, Solives, Planches, Echalas.	Pour chauffage. — Bûches, Fagots, Charbons.	La graine de pin est encore un produit important; le prix de cette graine est ordinairement le même que celui du froment; le fruit qui le renfermait se vend de 15 à 20 fr. l'hectolitre. Les pins qui ont produit la résine sont exploités comme les autres et ce qu'on en retire est supérieur à ce que donnent ceux qui n'ont pas subi l'opération du gémier.

NOTA. M. Héricart-de-Thuvy, membre de la Société Royale et Centrale d'Agriculture de Paris, a observé à la Société que les détritus des feuilles et des petites branches de pin, fournissent plus d'humus à la terre que les bois feuillus.

Cette observation est d'une haute importance pour un département couvert de forêts de pins. Si les expériences que l'on ne manquera sans doute pas de faire les justifient, nos cultivateurs sauront les mettre à profit.

(Extrait de l'Ami des Champs. — Mars 1833.)

M. Soubiran, jurisconsulte, ancien procureur du roi près le tribunal de Mont-de-Marsan, nous écrivait de Lauga, près Labastide (Gers), le 31 mars 1832 :

« Monsieur et honoré Collègue, je viens de lire avec autant de plaisir que d'intérêt votre excellente notice sur la culture des forêts de pins du département des Landes; ce nouvel ouvrage est propre à confirmer votre ardent amour pour la gloire de votre pays et à agrandir votre réputation scientifique. Quelle différence entre les lumières vraies de votre notice et celle publiée par les journaux des sciences usuelles (novembre 1831, page 193), que j'ai eu occasion de lire après votre travail dont je vous prie de permettre que je vous en félicite; elle vous sera honneur ainsi qu'au département des Landes....................

J'ai l'honneur d'être, etc.,

Monsieur et honoré collègue,

Votre très-humble, etc.,

Signé SOUBIRAN.

Académie de l'Industrie Agricole, Manufacturière et Commerciale.

Paris (Place Vendôme, n.º 12), le 25 juillet 1833.

A Monsieur J.-B. SAINTOURENS, membre de l'Académie de l'Industrie Française.

Monsieur et honorable Collègue,

Nous nous félicitons d'avoir à vous annoncer que l'Académie de l'Industrie Agricole, Manufacturière et Commerciale, dans sa séance publique annuelle qui a eu lieu à l'hôtel-de-ville de Paris le 28 avril 1833, vous a décerné une médaille d'honneur en argent, comme un témoignage authentique de satisfaction et un encouragement aux efforts que vous n'avez cessé de faire pour l'amélioration progressive des trois branches d'industrie dont elle s'occupe.

Cette juste récompense de vos services et de vos utiles travaux pendant l'année 1832, doit vous paraître d'autant plus honorable qu'elle est l'expression vraie du suffrage libre de chacun des membres de notre académie, qui tous, malgré leur éloignement de cette capitale, ont été appelés à faire connaître par correspondance leur opinion personnelle sur le travail préparatoire de la commission des prix d'encouragements, soumis à leur sanction individuelle et définitive par le conseil d'administration de la société.

Nous espérons, Monsieur et honorable collègue, que vous voudrez bien continuer à coopérer d'une manière aussi utile aux travaux de notre académie, en lui adressant toutes les communications que vous jugerez de quelque intérêt pour les trois branches d'Industrie dont elle s'occupe.

Heureux d'être dans cette circonstance l'interprète des félicitations de vos collègues, nous vous prions d'agréer la nouvelle assurance de la haute considération avec laquelle nous avons l'honneur d'être,

Monsieur et honorable collègue,

Vos très-humbles et très-obéissants serviteurs.

Le Président de l'Académie,

Signé, le Duc de MONTMORENCY.

Le Directeur général, Président du conseil d'Administration,

Signé, César MOREAU.

Par M. le Président : le secrétaire général,

Signé, Baron Chevalier DOUYE.

M. Dubourg, maire de Soustons, membre du conseil général du département des Landes, nous écrivait le 6 décembre 1836 :

« Monsieur, j'ai lu votre bon mémoire sur le pin maritime et sa culture ; je l'ai retenu dans l'objet d'y ajouter quelques notes sur la fabrication, mais j'ai dû m'arrêter à la prière des fabricans, qui se sont persuadés qu'il était de leur intérêt que des profanes n'entrassent pas trop avant dans les secrets du métier.

» Le moment viendra où nous pourrons tout dire.

» Recevez, Monsieur, l'assurance de mes sentimens.

» Signé, DUBOURG. »

M. le Chevalier Ramonbordes, jurisconsulte, à Dax, nous écrivait, le 24 août 1835 :

'9.
Littoral.

« Mon cher Monsieur, j'ai gardé long-temps votre ouvrage sur le littoral, parce qu'il est fort étendu ; il n'est pas moins curieux et intéressant ; je l'ai lu avec plaisir ; je vous rends grâce de m'avoir procuré cette lecture ; ce que vous me rapportez de Mimizan m'a frappé...

» Toujours votre dévoué serviteur. Signé RAMONBORDES. »

(Décédé le 2 novembre 1836, auteur, jurisconsulte, ami du progrès, était le flambeau du barreau du département des Landes, pacificateur, bienveillant, protecteur de la veuve et de l'orphelin ; la ville de Dax et ses nombreux amis le déplorent.)

20.
tiquités.

Le *Journal des Landes* des 10 , 15 , 20 octobre et 5 novembre 1838 , article feuilleton , rapporte :

« Aujourd'hui que l'étude de l'antiquité est devenu l'un des élémens nécessaires à la science moderne, il nous a semblé que nous ferions bien de profiter de la tendance actuelle des esprits vers le vieux temps, pour initier nos lecteurs des Landes dans l'histoire particulière de leur pays , histoire fort abrégée sans doute , mais qu'ils ne liront pas assurément sans quelque intérêt. Nous sommes plus à même que personne de réaliser ce projet. Nous tenons en main, grâce au zèle infatigable de M. Saintourens, l'un de nos compatriotes , des documens précieux et des mémoires intéressans sur les divers événemens dont notre département a été le théâtre depuis une époque très-reculée.

» M. Saintourens , dont le patriotisme et les travaux immenses n'ont pas été jusqu'à ce jour assez appréciés par nous , dont le dévouement et les sacrifices sans nombre ont été méconnus, presque dédaignés par nous, M. Saintourens ne s'est pas laissé aller au découragement. Doué d'une ame fortement trempée , et d'un caractère ferme et résolu , il s'est raidi contre l'indifférence désolante de ses concitoyens. A travers les mille dégoûts dont l'ont abreuvé ceux qui l'environnaient, dégoûts qui ne sont pas épargnés de nos jours à tout ce qui a nom de savant, il n'a vu devant lui qu'une seule chose : les progrès de la science à laquelle il a fait l'oblation volontaire de toutes ses veilles, de sa jeunesse et de sa fortune. En récompense de ses labeurs scientifiques, M. Saintourens a reçu les éloges et les encouragemens de plusieurs sociétés savantes , qui se sont empressées de l'admettre dans leur sein ; mais était-ce là l'unique récompense qu'il devait se promettre de sa générosité ? Avouons-le, le département comprend bien peu le prix d'un homme de science................................. Ici , homme de science veut dire à peu près inutile...............................
.... Signé , M.

La ville de Saint-Esprit conserve des monumens antiques; l'abbaye de Saint-Bernard, fondée en 1168, est appelée successivement Saint-Étienne-Beauvoir et Saint-Bernard; elle renfermait douze religieuses avec un revenu de 5,000 francs.

La construction du couvent de Saint-Bernard est de 1241, et la bulle du pape de 1245. Ce couvent n'a rien d'historique pour les arts; aujourd'hui, c'est une masure.

Le fleuve de l'Adour, par l'effet d'une tempête, fut entièrement obstrué près du lieu où il débouche aujourd'hui; il prit son cours vers Capbreton. (Voir la notice de cette commune, n.º 330 ; 44 pages in-4.º, par l'auteur.)

1657. 21 Mars, l'évêque de d'Acqs enjoignit aux jésuites de quitter *Saint-Esprit.* Sur le retard qu'ils mirent à obéir, le peuple se souleva et les chassa avec violence de leur domicile.

1680. La citadelle de Saint-Esprit a été construite par le maréchal Vauban (de). L'achat du terrain, à raison de 250 à 400 fr. l'arpent ou journal, de 1266 toises carrées, chacune composée de 400 carreaux et trois toises et un 6e carré pour le terrain ; en total, 84,670 francs , et l'estimation du fort royal de Castelnau, l'emplacement de la citadelle, par Vauban, 644,670 francs. (Extrait des archives du génie.)

Le développement de cette forteresse est de quatre bastions.

A la révolution de 1789, Saint-Esprit était chef-lieu d'une haute justice, de fondation royale, ressortait de la sénéchaussée de Tartas.

Le seigneur, Messieurs de l'église collégiale de Saint-Esprit, M. le doyen.

Les paroisses et la juridiction étaient : Bourg-Saint-Esprit, qui dépendait pour spirituel de Saint-Étienne (*), Darribelabque, officiers d'hôpital , juge chavanère, procureur d'office. (Extrait des antiquités de la ville de Saint-Esprit; 17 pages in-4°, par l'auteur.)

---

[*] Le député du clergé à l'assemblée constituante de 1789, était M. l'abbé Laausse, curé de Saint-Étienne, de la sénéchaussée de Tartas.

22.
Montfort. L'église de Montfort, dédidée à Saint-Pierre, était primitivement une citadelle ; cette chapelle existe encore et forme le tiers de celle appelée aujourd'hui Saint-Roch ; elle a éprouvé des changemens qui ont fait disparaître l'architecture de ce temps par les siéges qu'elle a soutenus.

La chapelle dite Notre-Dame a une voûte remarquable par sa hardiesse et son élégance ; une petite tribune au-dessus de la porte principale est aussi remarquable par son bon goût.

Il n'y a pas long-temps qu'on voyait les restes des fossés qui entouraient la citadelle. Il reste quelques vestiges dans une des propriétés de M. Candeloup. (Décédé. La commune a perdu un philantrope.)

Ce qu'on appelle aujourd'hui la prison était une porte ; on y voit l'ouverture de la herse moyenne avec laquelle on fermait avant l'invention des ponts-levis. En 1599, la reconnaissance des fiefs fut faite. (Notice de Montfort, n.° 31, par l'auteur.)

23.
Pontonx. Très-anciennement, le bourg de Pontonx possédait un couvent de l'ordre des Templiers ; les fondemens de l'église existaient à la révolution de 1789 ; il n'y reste plus de traces. Cet ordre fut détruit en 1061.

960. Torius, vicomte de Tartas, fonde un prieuré à Pontonx. 1084. Amat, évèque d'Oléron, est fait archevêque de Bordeaux; en qualité de légat du St.-Siége, convoque un concile ; prend connaissance d'un différend entre l'abbé de la Réole, sur la Garonne et le chapitre de d'Acqs, concernant le prieuré de Pontonx. Méprise les récusations contre lui proposées : donc sentence au profit de l'abbé ; laquelle demeure sans effet. Le prieuré est uni à la mense des chanoines, moyennant certaine pension.

En 1331, un traité passé avec le seigneur d'Albret, vicomte de Tartas, et les habitans de St.-Agnès en Pontonx, porte : que le seigneur leur accorde dans la forêt de Saumage le droit de padouentage, d'y prendre du bois mort et d'y conduire toute espèce de bétail moyennant les redevances annuelles par chaque habitant d'une conque de froment et d'un cochon de mars.

En 1602, cette reconnaissance fut renouvelée.

Une reconnaissance du quartier de Bas en Pontonx fut faite le 2 avril 1742. Signé, BARDOUILH, notaire.

Le bourg de Pontonx était chef-lieu d'une haute justice ; les communes de Gousse, St.-Jean et St.-Pierre-de-Lier et Vicq, en ressortaient.

MM. les officiers étaient : Mancamp, juge ; Luxcey, procureur d'office.

Anciennement, le bourg de Pontonx possédait un marché toutes les quinzaines, autorisé par lettres patentes; il fut suspendu pour cause de maladie des bestiaux ; le bourg de Montfort s'en est emparé ; la commune de Pontonx le revendiquera-t-elle ? (Extrait de sa notice, n.° 28, partie antiquaire).

Saint-Sever, chef-lieu du deuxième arrondissement, est formé d'une faible partie du territoire de l'ancien pays des Landes, autrefois pays de Tursan de et la Chalosse, dont la cité de St.-Sever était la capitale (Ptolomée, liv. 2, chapitre 7, Strabon, Pline, etc.

Crassus, lieutenant de Cézar, la conquit et l'Empereur lui conserva ses priviléges. (Cézar, lib. 8).

Ce pays était exempt de tout tribut sous les Gaulois. (Cézar, lib. 3.)

Il continua à jouir de ses franchises ; il se régissait de lui-même ; toutes les affaires générales étaient traitées dans l'assemblée du peuple ; on y délibérait sur les intérêts communs. (Cézar, lib. 6.).

1112, naissance des communes ou établissement du régime municipal. Acte de politique de Louis-le-Gros.

Lorsque Jules Cézar la conquit, elle était nommée Lapurdum, de là vient, dit-on, le nom de St.-Sever, Cap-de-Gascogne.

En 684, une fontaine publique fut construite pour procurer de l'eau à la ville de Consulie, par les soins de MM. Pierre Captan, Louis Duhazet, Delas et Ducide de Gramont. (Extrait de la notice sur St.-Sever, n.° 282, 118 pages in-4.°, par l'auteur).

Tartas, très-ancienne et grande ville, la plus antique du pays,

24.
St.-Sever.

Franchises
assemblée
du peuple.

25.
Tartas.

portait le nom de *Tarrusa*; cette ville était très-forte par sa position sur la Douze.

La ville de Tartas était la résidence d'un lieutenant des maréchaux de France ; en 1330 , M. le baron Durou en était le gouverneur.

Tartas, ville en Gascogne; presque la seule considérable que le roi possédait dans cette province dont les anglais étaient maîtres depuis 400 ans; il était de la maison du domaine d'Albret.

Siége. Tartas a soutenu des sièges nombreux , il était en réputation avant la conquête de l'Aquitaine par les Romains; Charles VII fit honteusement lever le siége à l'armée anglaise.

En 1441 , Talbot, général anglais , démolit la ville de Tartas. (Extrait des Annales de Serres , tome 3 , page 110).

Bossuet , évêque de Meaux , dans son histoire abrégée de 12 volumes in-8° , tome 12, page 683, dit :

C'est en 1441 , le roi alla en personne avec seize mille chevaux au secours de la ville de Tartas qui devait se rendre si une armée royale ne venait à son secours avant un certain temps.

Les Anglais chassés. Le roi partit de Tolose (Toulouse) , le 20 juin 1441 ; chevaucha tant par ses journées qu'il se trouva en personne le 24 juin devant la ville de Tartas , mit sur pied la plus belle armée qu'il eût onque dressé depuis long-temps pour tenir la journée de Tartas ; il y avait en outre des gens qui l'accompagnaient, cent-soixante barons et baronnets (seigneurs porteurs de bannières), quatre cents lances , huit mille albalestriers combattans de son royaume , et là , tint le roi la journée , et fut lui et tous ses gens en bataille très-grande et très-belle ordonnance et grands habillements de chevaux et harnais couverts de soie et d'orfèvrerie. Le roi tint cette journée hautement et honorablement ; la ville lui fut rendue après un siége de neuf mois.

Salut du royaume. Dupleix assure que la fortune de la France se jouait devant cette place , et de Serres ajoute , qu'il ne s'agissait pas seulement de la réputation du roi , mais du salut du royaume de secourir la place de Tartas.

Fêtes. La mémoire de la délivrance de Tartas a été long-temps célébréc par des fêtes annuelles. (Voir le Mercure Galant de France, juillet 1679 , ou le *Journal des Landes* du 27 juillet 1828).

M. Campagne , auteur, dit :

« Qu'après la conquête du territoire par les romains, il est vraisemblable qu'ils comprirent de bâtir une forteresse pour conserver des populations dont ils connaissaient l'impatience et le courage ; c'est peut-être l'origine de Tartas ; son berceau reste plongé à nos yeux dans les conjectures d'une haute antiquité. (Extrait de la notice historique sur la commune de Tartas , n.° 281 , 209 pages in-4.°)

M. Duprat , président de chambre à la Cour royale de Bordeaux , nous écrivait de Bordeaux le 10 août 1828 : *[Anciennes fêtes.]*

« Je vous remercie , mon cher Monsieur Saintourens , d'avoir ramené mes vieux souvenirs sur les anciennes fêtes de notre pauvre Tartas. J'ai relu avec un vrai plaisir tous ces détails qui, quoique déjà bien loin de nous, n'en doivent pas avoir moins d'intérêt pour quiconque tient à son pays. Malheureusement , je ne vois aucun moyen de faire refleurir les beaux jours qui illustraient notre petite ville il y a bientôt deux siècles.

» Recevez pour vous , mon cher Saintourens , l'assurance de mes sentimens affectueux.

» Signé , DUPRAT. »

(Décédé le 30 août 1840 ; sincèrement regretté.)

M. Stève nous écrivait de Marseille , le 28 février 1838 , la lettre qui suit :

« Monsieur , j'ai l'honneur de vous prévenir que l'Académie des antiquités vient de décider qu'il vous serait expédié divers *[Momies d'Afrique, etc]* objets venant d'Afrique pour votre Musée, à la recommandation du député des Landes , M. Laurence , et en votre qualité d'associé à diverses Sociétés scientifiques. (Depuis cette lettre d'avis , nous n'avons rien reçu.)

» Recevez, Monsieur, les assurances de ma recommandation distinguée.

» Signé , STÈVE. »

M. Geoffroy, membre du conseil général du département des Landes, nous écrivait le 17 août 1840 :

« Je serais samedi ou dimanche à Tartas, mon cher Monsieur ; nous parlerons de votre ouvrage archéologique, que j'ai lu avec le plus vif intérêt. Je serais moi-même le porteur et en ferai la remise à qui de droit.

» Je vous souhaite le bonjour.

» Signé, GEOFFROY. »

Par l'état annexé au règlement du 19 février 1789, le duché d'Albret doit nommer quatre députés aux Etats généraux ; savoir : le Clergé un, la Noblesse un, et le Tiers-Etat deux.

La réunion du duché d'Albret fut fixée à Tartas pour le 2 avril, et être terminée le 24 dudit.

Les membres nommés furent :

Clergé, M. l'abbé Lannusse, curé de Saint-Etienne, près Bayonne.

Noblesse, le comte d'Artois. (Des circonstances le forcèrent à y renoncer et fut remplacé par le baron de Bats, grand sénéchal de Tartas.

Tiers-Etat, MM. Larreyre, avocat, et Castaignède, contrôleur de l'enregistrement à Commensacq.

Le comte d'Artois écrit de Versailles le 20 mai 1789, à MM. les gentilshommes d'Albret, à Tartas, la lettre qui suit :

« A Monsieur le baron de Bats, grand sénéchal à Tartas.

» Messieurs,

Lettre du comte d'Artois.

» J'ai reçu par le baron de Bats, grand sénéchal à Tartas, l'offre flatteuse de votre députation ; croyez que mon cœur sait apprécier les motifs touchans qui vous ont déterminé, ainsi que l'estime et la noble confiance que vous m'avez témoigné.

» Mais des circonstances particulières me forcent absolument de renoncer au désir d'être votre représentant aux Etats-généraux ; soyez bien sûr que je serais plus ardent encore, s'il est possible, à employer tous les moyens qui sont en moi pour être utile à une province et à un ordre qui veut bien se lier à moi par les liens les plus touchans pour mon cœur ; enfin, Messieurs,

un petit-fils d'Henri IV n'oubliera jamais ce qu'il doit au patri-
moine de son aïeul.

» Je suis, Messieurs, votre affectionné ami,

» CHARLES PHILIPPE. »

En 900, l'évêché de d'Acqs fut transféré à Labouheyre (anciennement herbéfaveirie, ainsi désigné dans la coutume de
Tartas et d'Acqs); ce qui annonçait assez l'état misérable où
l'avait réduite les révolutions de la Novempopulanie.

26.
Labouheyre.
Seigneur
converti.

1000, St.-Léon, que les bayonnais révèrent comme leur premier évêque et le protecteur céleste de leur ville.

On raconte que ce saint personnage appelé à Rome par le
Pape, pour y être employé à la prédication de l'évangile,
Lapurdum et son diocèse étant alors plongé dans les ténèbres
de l'idolâtrie, Léon y fut envoyé avec le double titre d'Evêque
et de missionnaire, près les peuples voisins de l'Océan Canta-
brique; il alla d'abord à Rouen avec ses deux frères Philippe et
Gervais; en passant à Labouheyre, il convertit le seigneur nommé Argarius, arrivé devant *Lapurdum* par le chemin le long
de la mer (*); il y trouva les portes fermées parce que la nuit
approchait et que les habitans craignaient les surprises des
basques qui infestaient tout le pays.

M. Delamarre, officier de la légion-d'honneur, préfet des
Landes, nous a écrit le 18 novembre 1840, la lettre qui suit :

Archéologie
de Tartas.

« Monsieur, j'ai transmis, quelques jours après que vous
m'avez fait l'envoi, le fragment des antiquités de la ville de
Tartas, que vous destinez à la Commission des monumens historiques.

» Je regrette de n'avoir pas eu cet intéressant document à
ma disposition lors du passage à Mont-de-Marsan de M. de Mé-

---

[*] Le chemin non indiqué dans l'itinéraire d'Antonin existait certainement
du temps des Romains [53 ans avant l'ère chrétienne.] Il est encore connu dans
le pays sous le nom de *camin Roumium.* Il passait à Mugescq, Liuxe, Saint-
Julien, Mimizan, et de là se dirigeait par deux branches à l'ouest sur Labouheyre, au nord sur la Teste de Buch.

rimé, inspecteur général. Cet illustre savant se serait certainement arrêté dans la ville de Tartas, et eut visité avec plaisir les antiquités de votre ville.

» J'ai l'honneur, Monsieur, de vous offrir l'assurance de ma considération distinguée.

» *Le Préfet des Landes*,

» Signé, DELAMARRE. »

27.
Capbreton.
Port renommé sur la pêche de la baleine, etc.

Capbreton, ancienne ville et havre, portait anciennement le nom de Port de Labrit ou d'Albret ; le Vieux-Boucau était à l'embouchure de l'étang de Soustons. (Voir la notice historique sur la commune de Soustons, n.° 45.) Le port du Vieux-Boucau était très-fréquenté pendant la moitié du 17.° siècle ; les vaisseaux de guerre y mouillaient souvent.

L'Adour débouche à Capbreton.

En 1360, le fleuve de l'Adour, par l'effet d'une tempête, fut entièrement obstrué ; il prit son cours vers Capbreton, et, continuant à se diriger au nord, il déboucha entre les communes de Vieux-Boucau et celle de Messanges.

Cette époque, pour Capbreton, fut une cause d'accroissement extraordinaire de population et de richesse.

Reprise de première direction.

Le 28 octobre 1579, Louis de Foix, habile ingénieur, chargé du travail, força l'Adour, dont il avait fermé l'issue, à se ruer avec impétuosité sur le banc de sable qui depuis trois siècles avait obstrué son embouchure primitive. Le succès couronna son attente : l'Adour reprit sa première direction et Bayonne son commerce.

Le temple de Capbreton est du 15° siècle, n'a rien de remarquable que son clocher, adossé d'une tourelle qui sert de reconnaissance aux navigateurs pour trouver l'embouchure de l'Adour, et par conséquent le port de Bayonne. L'on y voit un crucifix et une cloche (*) que l'on dit avoir appartenu à l'ordre

(*) Les cloches de l'Église paroissiale de Taille-Cavat, bourg du diocèse de Bazas, passent pour être les plus anciennes du royaume, étant datées de l'an 888, et données par Eudes, roi de France.

des templiers et dépendre d'une chapelle qui existait, en 1300 environ, à l'extrémité de l'ancien port de Boret, où se trouvent encore des décombres. On ignore sous quelle invocation.

1586, la halle actuelle fut construite en bois et l'on y voit encore les scellés, l'étalon des mesures de longueur et de capacité de ce temps.

1690, le port de Capbreton comptait cent capitaines de navires.

Capitaines.

1824.............. un!...............

(Extrait de la notice agricole, industrielle, antiquaire, etc., sur la commune de Capbreton, n.° 330, 44 pages in-4.°)

M. le chevalier Ramonbordes, jurisconsulte à Dax, nous écrivait le 19 avril 1832 :

Impression des notices Capbreton.

« Dès que vous êtes revenu de votre grave et longue maladie, que trop d'assiduité au très-pénible travail que vous avez entrepris ne vous conduise à l'état auquel je suis réduit.

» Plus je vous ai lu, plus j'admire votre patience, votre courage, l'étendue de vos recherches et leur résultat. Mais ce qui m'a satisfait, c'est votre lettre dans laquelle vous développez le plan de l'ouvrage auquel vous vous êtes livré et que vous vous proposez de continuer. Je désirerais que vous donnassiez de la publicité, par la voie de l'impression, à quelques-uns de vos ouvrages nombreux auxquels vous renvoyez souvent dans vos notices. Par exemple, de chacun de nos arrondissemens.........
....

» Il me semble que vous devez au public une communication franche et loyale de vos découvertes ; vous ne pouvez pas garder pour vous seul le fruit de vos connaissances. Vous devez instruire les ignorans, rectifier les méthodes dont vous avez reconnu les vices, provoquer des essais, favoriser ainsi l'industrie et le commerce; je vous y exhorte de toutes mes forces; ce n'est que du concours et même du choc des opinions que la lumière peut jaillir, comme on le dit communément.............

» Je suis obligé de terminer mon épitre par la souffrance qui me revient. Comptez toujours sur la sincérité de mes sentimens et des vœux que je vous ai exprimés. Tout à vous, votre dévoué serviteur. Signé, RAMONBORDES. »

Toutes les anciennes chroniques font mention du port de Saubusse. Près la maison du sieur Bacquerisse, existait n'aguère un vieux mur d'enceinte avec des anneaux de fer pour retenir les barques : Jules Cézar, dans ses commentaires, parle des Saubussens. Son église a été bâtie en 1220 ; elle est construite en canton ; ses ouvertures sont en ogives ; sa voûte, sans être d'une élévation considérable, ne manque pas d'élégance.

A l'Est du village est un bois planté sur le prolongement du côteau de Saubusse, sont plusieurs buttes en castramétation. Elles se lient par le Cap-de-Larroque, en remontant vers Dax et le Pouy-d'Eause, appartenant à M. de Borda.

Au Nord et sur la grande route de Dax est un tronçon de colonne de marbre veiné de rouge ; le vulgaire, qui la nomme Peyrelongue, ne manque pas de lui attribuer une origine merveilleuse et des vertus plus merveilleuses encore : il est vraisemblable que c'est une pierre volive ou un bloc du culte des Druides ; cette colonne doit sûrement en avoir été.

Le livre terrier (ancien cadastre) de Saubusse, fut commencé le 26 avril 1671, repris le 6 septembre 1692, avec Angoumé et Sans ; ce livre est déposé à l'étude de Mª Dupin, notaire rayal à Tartas.

M. le chevalier Ramonbordes, jurisconsulte à Dax, nous écrivait le 11 juillet 1833 :

« J'admire toujours votre courage à continuer vos notices des communes du département des Landes...................

» J'ai lu avec plaisir Saubusse..................... Le désir de voir vos succès et en eux la récompense d'un travail pénible et continuel est en vérité incroyable. Votre tout dévoué. Signé, RAMONBORDES. »

M. Sourrouille aîné, maire de Saubusse, nous écrivait le 27 novembre 1829 :

« J'ai l'honneur de vous renvoyer sous ce pli la notice sur la commune de Saubusse, que vous avez bien voulu m'adresser dans le temps ; je n'eusse point différé jusqu'à ce jour à vous en faire l'envoi si un de mes amis ne l'avait égarée ; je l'ai communiquée à plusieurs personnes qui ont trouvé que c'était bien.

» Votre bien dévoué serviteur. Signé, SOURROUILLE aîné. »

Castelnau est remarquable par un tumulus d'une hauteur extraordinaire ; on connaît l'usage des anciens rois de la grande Bretagne pour leur sépulture ; ils faisaient des timuli à la hauteur de 40 à 45 pieds. Il possède un ancien camp des Romains.

29. Castelnau.

En 1410, Pierre de Castelnau était évêque de d'Acqs.

Anciennement, Castelnau était chef-lieu de baronnie.

A la révolution de 1789, M. d'Aubagnan en était le baron.

On voit sur divers points de la ville de Mugron des restes de fortifications passagères ; on les croit du règne d'Henri III.

30. Mugron.

Cette commune avait, dit-on, un couvent de l'ordre de St.-Benoît, où les moines s'étaient casés pour prédominer la ville à l'aide du faubourg de Saint-Pierre (Montaut), qui continuellement était en guerre avec la mère-patrie.

En 900, la ville de Mugron avec son église et son couvent de dominicains furent détruits de fond en comble par suite d'une résistance opiniâtre ; les frères dominicains furent tous exterminés, et le lieu où on les enterra est encore appelé par tradition *Cimitière dous frays*, sis sur la lande communale.

Les habitans de Mugron, dépourvus d'églises, coururent à Nerbis (*) jusqu'à la construction de leur nouvelle église (**), qui n'eut lieu qu'après un grand nombre d'années.

_____

(*) L'église de Nerbis, à l'Est de la commune de Mugron, est antique, elle est remarquable ; son architecture appartient au 9e siècle ; elle fut réparée en 1247 ; l'inscription du millésime en paraît à la voûte.

(**) En l'an 12 (1803), il y avait 434 églises et 56 presbytères d'invendus.

En 1060, l'abbé de Saint-Sever, évêque de d'Acqs, permet lâchement que le pays de Soule soit distrait de son évêché. Quatorze ans après, Bernard de Mugron, son successeur, a la faiblesse de passer une transaction pour cet abandon.

Bernard de Mugron, moine de St.-Sever, assista au concile de Toulouse, en 1068.

Jacques Desclaux de Mugron, nommé évêque par Louis XIII, le 25 avril 1639, à la recommandation du cardinal de Richelieu.

Ordonné à Paris, le 20 septembre suivant, rebâtit la cathédrale de d'Acqs, qui tomba, et mourut à Paris, le 4 août 1658.

La famille Desclaux est la plus antique de Mugron, avait fourni deux évêques : l'un à Aire, l'autre à d'Acqs ; ce dernier avait été confesseur du cardinal de Richelieu, et le deuxième, prieur à Ygos, canton d'Arjuzanx.

Port de Mugron.

Il y a environ 80 ans que le cours du fleuve de l'Adour était au bord de la grande côte et là était le port des chargemens de bateaux. A gauche on voit encore un nombre de scelliers et de magasins antiques ; l'Adour les bordaient par une grande courbe qui commençait au port d'aujourd'hui, et de ce dernier point on forma une ligne presque droite, telle qu'elle se voit aujourd'hui.

Avant la révolution, Mugron était chef-lieu de baronnie très-ancienne. M. le duc de Biron en était le seigneur, possédait une basse justice ; MM. Lanefranque, était juge, Dayris, procureur d'office.

(Extrait de la Notice historique sur la commune de Mugron, n.º 53, 85 pages in-4.º)

Mugron.

M. l'abbé Castaignos, prêtre de l'ancienne France, desservant les communes d'Onard et de Vicq, nous écrivait le 9 février 1834 :

« Monsieur, je vous remercie infiniment de la bonté que vous avez eu de m'envoyer les notices que vous avez fait sur Mugron et Saubusse ; je les ai lues avec le plus grand plaisir, et principalement celle de Mugron, qui m'a fait connaître des événemens que j'ignorais quoique je sois du pays. Je vous exhorté à continuer votre travail ; après tant de siècles féconds en événemens dans notre département, vous serez un des premiers qui en aura fait l'histoire.

» MM. de Marca et Puidevant, curé de Salies, n'ont parlé que des guerres de religion qui ont désolé notre pays dans les 16e et 17e siècles.

» Si vous avez d'autres notices, je vous prie de me les envoyer. Soyez persuadé d'avance de ma reconnaissance et de mon respectueux dévouement. Signé, CASTAIGNOS, prêtre. »

L'évêché d'Aire est formé du territoire dépendant des anciennes cités d'Aire, Mont-de-Marsan, St.-Sever, Tartas et Dax ; le mot cité s'identifiait quant à la signification avec le mot peuple.

31. Aire.

La cité d'Aire, dite des Sociates, appelée indifféremment ville des Atturins, avait la même étendue que l'évêché ; elle comprenait la vicomté de Tursan et le vicomté de Marsan ; elle comprenait encore la Chalosse propre, dont Aire était la capitale (Ptolomée, liv. 2, chap. 7 ; Pline, etc.)

Le peuple d'Aire était un des peuples de la Novempopulanie, suivant la division de la Gaule, faite par l'empereur Badrian.

Après plusieurs guerres sanglantes, défaits et soumis par Théodori, roi de Bourgogne, ils consentirent à payer tribut à ce prince, qui leur abandonna les terres envahies dans la Novempopulanie ; et, en 602, il leur donna un duc appelé Gémalis, dignité à laquelle étaient attachées l'administration de la justice, des finances et de la police de la cité, et le pouvoir d'élever et de commander les troupes. Les ducs de Gascogne faisaient leur résidence habituelle à Saint-Sever, dans le château de Plalestrion. Les Gascons étaient régis et gouvernés par des coutumes jusqu'au 5e siècle, qu'Alaric, roi des Goths, fit publier à Aire, le Code théodosien.

Par suite d'événemens dont le détail dépasserait les bornes d'une simple notice, une partie du duché des Gascons, notamment la cité d'Aire, devint l'apanage des rois d'Angleterre, en leur qualité de duc d'Aquitaine, puis il passa successivement dans la ma'son de Castille et ensuite dans celle de France, à l'époque du règne d'Henri-le-Grand.

Après cet aperçu, nous allons donner une *esquisse* de ce que la tradition et l'histoire nous ont conservé de plus intéressant concernant la ville d'Aire.

La cité d'Aire est l'une des plus anciennes de la Gascogne ; le nom de son fondateur est inconnu, ainsi que l'époque de sa fondation qui se perd dans la nuit des temps. Elle s'appelait autrefois la cité des Sociates parce que c'était dans cette ville que s'assemblaient les peuples voisins pour y arrêter des mesures de défense commune contre les ennemis.

La dénomination d'Aire lui vient de celle de l'Adour qui baigne les murs de cette ville, et tous les historiens s'accordent à dire que ce nom lui fut donné parce que c'était la ville la plus considérable qui se trouvait sur le cours de l'Adour.

On lit dans les commentaires de Cézar, que Crassus, son lieutenant, entra sur le territoire des Aquitains Sociates : ceux-ci, avisés à temps des expéditions dirigées contr'eux, avaient levé une armée considérable, forte surtout en chevaux. Les armées se rencontrent ; les premiers chocs sont entre la cavalerie ; celle des Aquitains plie, fuit ; poursuivie, elle arrive à un vallon qui masquait un gros corps d'infanterie qui tombe avantageusement sur les poursuivans alors dispersés et éloignés de leur armée.

Il s'agissait pour les Aquitains du salut de la patrie. Crassus et ses soldats tenaient à prouver que la victoire, qu'élèves du premiers général du monde, ils avaient assez profité de ses leçons pour que hors de sa présence leur courage bien dirigé leur valut des lauriers. De grands intérêts agissaient donc sur les combattans ! Ainsi l'action fut longue et opiniâtre ; l'expérience finit par l'emporter. Le champ de bataille reste à Crassus, qui, sans perdre du temps, se porte sur la ville d'Aire, métropole des Sociates ou Asturances ; il en forme le siége.

Les assiégés, ou par des sorties ou par des travaux, cherchent à détruire les tours, mantelets et autres ouvrages élevés contre leurs remparts. La vigilance des Romains rend inutiles tous les efforts. Une capitulation est proposée. Les armes sont remises ; Crassus accepte cette condition. Elle commence à s'exécuter ; mais pendant que dans un petit coin de la ville les armes se déposent, un certain Adcuantuanus, qui commandait les assiégés, fait une sortie à la tête de 600 Solduriers (*) et tombe sur les Romains. Des cris se font entendre ; les Romains ressaisissent leurs armes ; le combat se rengage rudement, et le citoyen Adcuantuanus, qui se ressentait sans doute plus d'amour pour la patrie qu'il ne croyait à l'honneur et à une parole militairement donnée, fut honteusement rechassé dans ses murs.

Que fit Crassus ? un trait sublime sans doute ; mais pourrait-il être souvent imité ? Il déshonora complètement *Adcuantuanus* : il lui pardonna.................... il accède une seconde fois à la même capitulation, reçoit les armes des otages et se dirige aussitôt contre les Tarrusates (Tartas). Voir la suite au cahier des antiquités de Tartas, 56 pages in 4.°

Cézar, pour laisser un monument de la victoire, appela la ville d'Aire *Viro Julie* ou ville de Julius, suivant l'usage des Romains, qui donnaient leur nom à quelques villes considérables des provinces subjuguées.

Jusqu'au 16.° siècle, la ville d'Aire a été le théâtre d'hostilités continuelles ; toutes les guerres commençaient par l'attaque de cette place, dont l'occupation était considérée comme très-importante et souvent comme décisive pour le succès de la campagne.

Cette ville fut ruinée dans les siècles qui vont suivre.

Par suite de ces événemens, la ville d'Aire est demeurée comme ensevelie sous ses ruines ; elle n'a conservé que le souvenir de son ancienne splendeur.

---

[*] Les Solduriers, étaient des partisans qui s'attachaient à un grand pour partager sa bonne ou malheureuse fortune. S'il arrivait que celui auquel ils s'étaient liés, mourut de mort violente ou fut tué dans un combat, les Solduriers se faisaient mourir en même temps, ou se tuaient après la défaite de leur patron. [Cézar, liv. 3, § 22.]

La ville épiscopale d'Aire était la résidence d'un lieutenant, d'un maréchal de France. M. Dartigue Dosseaux en était le commandant; l'Évêque florissait.

En 1616, le sieur Delaforce arme en Béarn contre le Roi, pille et ruine Sorde (3.e Arrondissement); les seigneurs de Gramont et de Poyanne se mettent à la tête des volontaires du pays des Lannes et des garnisons; ils l'attaquent, le battent, et les poursuivent jusqu'à Bastale près Aire; ils remportent une victoire complète.

On trouve dans tous les champs et dans les villes du voisinage de superbes fondemens, de magnifiques tombeaux et quantité de pavés mosaïques. On y voit les restes du palais d'Alin, roi des Goths, qui y faisait séjour ainsi que ses prédécesseurs, et y fit publier le Code théodosien en 506.

L'Évêché d'Aire est l'un des plus anciens du royaume, très-anciennement possédait 960 paroisses, son établissement remonte au premier siècle de l'Église : parmi plusieurs évêques issus des premières maisons du royaume, on compte deux cardinaux, Louis d'Albret et Pierre de Foix.

(Extrait de la notice Agricole, Industrielle, Antiquaire, Archéologique, Religieuse, Militaire, etc., sur la commune d'Aire, n.o 1).

**3a.
Bastennes.
Terre
singulière,
bitume, etc.** On trouve à Bastennes une terre singulière; elle a les propriétés du bitume lorsqu'on l'emploie avec du bois; et celle du ciment, lorsqu'on s'en sert avec la pierre : elle se pétrit dans les mains comme on pétrirait le bitume un peu échauffé, et ne s'y attache pas comme ferait cette gomme résineuse; elle durcit à l'air comme le ciment, et elle oppose la même résistance à l'eau qui ne la pénètre ni ne l'altère jamais : on l'emploie pour sceller des vases où il y a de la liqueur; mais c'est surtout dans la maçonnerie qu'elle est le plus précieusement employée pour lier les pierres; à la longue, la fracture seule peut opérer la disjonction.

En 1806, le sieur Pierre Lahite Bronca aîné et la dame veuve

Pignal, ayant demandé une permission provisoire d'un an pour exploiter la mine de goudron bitumineux qui existe sur le territoire de la commune de Bastennes, dont l'exploitation avait été précédemment entreprise par la dame Pignal, S. Ex. le Ministre de l'Intérieur a, par une décision du 25 juillet 1826, accordé cette permission, à la condition que pendant le délai d'un an, le sieur Labite et la dame Pignal se mettront en mesure pour obtenir, s'il y a lieu, la concession de cette mine, qu'ils en détermineront l'étendue et les limites, feront lever le plan triple à leurs frais, « qu'ils suivront leur exploitation avec activi-
» té et sans interruption, qu'ils dirigeront leurs travaux d'ex-
» ploitation conformément aux instructions qui leur seront
» données par l'ingénieur des mines du département, enfin
» qu'ils seront tenus d'indemniser qui de droit, des dégats faits
» à la surface, conformément à la loi. »

Si dans les environs de la mine et dans l'intérieur on faisait des fouilles, on y trouverait du charbon de terre.

Trois compagnies de Dax font l'exploitation des bituminières de Bastennes; elles ont établi leur fabrique d'huile de pétrole (*), à Dax.

Près le clocher de Bastennes et le long du ruisseau on y trouve des pierres fines, particulièrement au champ du sieur Mora fils.

Le ruisseau de Rimblan, assez abondant pour deux meules, son volume qui est toujours le même; ses eaux sont aussi limpides et aussi fraîches que celles des Pyrénées; elle roule quelques paillettes d'argent à travers un sable très-blanc.

(*) Pétrole : bitume liquide qui sort de la terre dans ces mines, seul et sans eau; on peut l'employer dans les arts; on en retire du Naphte (a) par distillation. Il est plus ou moins brun et sert à brûler, éclaircir, à vernir, etc.; dans beaucoup de lieux, il supplée la graisse pour diminuer le frottement des essieux: dont le nom de graisse de char qui lui a été donné.

[a] Naphte: espèce particulière de bitume; très-subtil et très-ardent, dont on faisait autrefois certaine sorte de feu d'artifice qu'on appelait feu Grégoire et qu'on ne pouvait éteindre avec l'eau.

On trouve dans les marnières de M. Duvergé des cailloux renfermant des lames d'argent.

Bastennes est aussi riche en phénomènes ; tout le monde connaît ses bituminières dont l'exploitation donne un si grand revenu. (*Extrait de la notice*, n.° 191.)

33. Amou.

Amou, autrefois un des premiers bourgs de France ; son église est d'une architecture gothique et assez belle ; son clocher est l'un des plus beaux du département ; possède une halle moderne magnifique ; cet édifice se fait remarquer par un style d'architecture parfaitement approprié à son usage ; elle est due à la sage administration locale.

Le château des anciens marquis d'Amou date du 23 juillet 1329 ; il est situé sur le flanc du côté du nord de la ville , est un ouvrage remarquable de Mansard. A l'est , est un très beau camp d'une forme ovale et fermé tout au tour par un fossé et par une terrasse de 25 pieds de haut.

D'après une tradition vulgaire, ce camp serait un ouvrage des Romains, et Crassus , lieutenant de Cézar , aurait donné le nom d'Amor à Amou.

En 1389, Edouard , Roi d'Angleterre , possédait le pays des Lannes ; il s'attacha à récompenser le zèle et la fidélité des seigneurs d'Amou ; notamment, du vicomte de Tartas et Bertrand d'Amou , à qui il permit de bâtir un château fort dans sa terre d'Amou.

En 1301, Philippe-le-Bel était en butte aux efforts de l'impétueux Boniface VIII, qui arma contre lui toutes ses puissances, et par l'entremise de Bernard de Saillet , évêque de Pamiers , il voulut exciter une sédition dans ses états. Le pays de Lannes résista à l'intrigue de ce factieux prélat , Pierre de Caupenne , (la maison de Caupenne jouissait déjà depuis long-temps des faveurs des Rois d'Angleterre. Philippe-le-Bel donna à Pierre de Caupenne la garenne de Néthe , et à son fils Arnaud Garsiau de Caupenne , l'évêché de d'Acqs ; ce prélat fut utile à Edouard II. (Rimes, tome 4, page 556). Cette maison a donné plusieurs prélats à l'Eglise et plusieurs sénéchaux à ce pays ; l'éclaira par son exemple et Philippe récompensa son zèle éprouvé comme celui de ses ancêtres.

En 1303, Pierre de Caupenne, gouverneur de Dax, fit réparer et augmenter les fortifications.

En 1308, la guerre augmentait; Charles IV, Roi de France, avait des besoins; il ne pouvait lever des impôts dans la Gascogne ; il chargea son sénéchal d'emprunter pour lui *dix mille livres sterlings*. Arnaud Garsias de Caupenne, évêque de d'Acqs, les, prêta (ce fait est prouvé par l'ordre que donna Edouard III, le 2 juin 1333, de payer au pape la somme prêtée par cet évêque, qui était mort sans avoir testé. (Notice, n.° 195, extrait).

34. Castelsarrazin

Castelsarrazin, à un quart de lieue du camp d'Amou (Gouarde). La véritable étimologie du nom de cette commune vient du château ou fort que les Sarrazins y établirent en 910 ; on y voit encore le reste du fort qui avait été construit au levant et où on bâtit le petit bourg. Ce fort très-considérable est extrêmement fortifié par la nature; il représente un pain de sucre renversé.

Les habitans de Castelsarrazin sont d'une singulière indépendance ; personne ne doit se mêler de ce qui se passe parmi eux, pas même les employés des droits réunis, ni la gendarmerie.— Notice, n.° 185. (Extrait). M. le marquis de Caupenne en était le seigneur.

35. Souprosse.

Souprosse : était anciennement ville ; la porte de l'est portait le nom de Saint-Severe ; celle de l'ouest, où est assise une tour garnie de créneaux, était appelée porte de Tartas ; elle était fermée de murailles.

Cette ville éprouva diverses vicissitudes à l'époque des longues et funestes discussions entre l'Angleterre et la France pour leurs prétentions respectives à cette dernière couronne, ainsi que dans les guerres de religion où elle fut plusieurs fois prise et reprise et saccagée.

Conquête par les Romains....... Jules Cézar......., Crassus......
53 ans avant l'ère chrétienne.

L'armée romaine, campée près de St.-Severe, fatiguée d'être toujours resserrée par l'armée des Sociates qui s'obstine à ne pas sortir de son camp retranché, et refuse de se mesurer; Crassus, lieutenant de Cézar, cède à l'impatience de ses soldats: le camp des Aquitains est attaqué, forcé, enlevé et les trois quarts de cette armée de 50,000 hommes jonche la terre dans un lieu qu'on croit porter, dans sa dénomination, le souvenir de cette terrible défaite. Ce lieu s'appelle Souprosse; on dit que ce mot est formé des deux mots latins, *super ossa*.

(Voir: les commentaires de Cézar, liv. 3, § 57).

Pour plus de détails, voir les *antiquités* de Tartas.

Sur la fin du 9.me siècle, les Sarrasins ayant fait une invasion en Gascogne, le duc Guillaume Sanche leva une armée nombreuse, fit prendre les armes à tous les moines de la province et livra bataille aux ennemis, au lieu appelé aujourd'hui Souprosse; le combat fut long, sanglant et le carnage si affreux, que le bourg qui y fut bâti en tira son nom de Souprosse, qui veut dire construit, *super ossa*, sur des ossemens.

Le duc Guillaume donna le terrain au monastère de Saint-Severe, et dans la suite l'abbé de St.-Severe l'a possédé avec titre d'Abbaye.

Cette abbaye de l'ordre des bénédictins, établie à St.-Severe, était gouvernée, par M. l'abbé Dulau, de Périgueux (Dordogne); ce monastère, très-spacieux, avait de belles dépendances de l'époque de sa suppression (1789). Il a été fait sept livres terriers (cadastres).

Livres
terriers.

Le premier, de Cur-Chalosse, nord ouest de la commune, retenu par Cazeaux, notaire, est daté de 1567.

Le deuxième, du 13 juillet 1612.

Le troisième, de 1675.

Le quatrième, retenu par Dupin, notaire à Tartas, de 1676.

Commence le cinquième de novembre 1689.

Terminé le....... Capdaurat, greffier, du 27 février 1690.

Sixième , *idem* , avril 1690.

Commencé , septième , 1727.

Fini , retenu par Baffoigne , notaire à Tartas , 1736.

Le 12 mai 1623 , M. de Richon, trésorier général de France et commissaire député pour la présente année pour la tenue des Etats du pays de Lannes, se rendit à Souprosse , avec une députation de St.-Sever , pour s'occuper des moyens d'améliorer la navigation de l'Adour et examiner l'utilité du plan proposé par M. Cabanes , ancien greffier des Etats de Lannes.

En 1789 , Souprosse était un chef-lieu de baronnie seigneuriale. C'était M. l'abbé de Souprosse qui nommait les juges ; la justice était composée d'un juge ordinaire civil et criminel. (*Extrait de la notice sur la commune de Souprosse , n.° 23.*)

36. Pouillon.

On trouve à Pouillon , chef-lieu de canton , le château appelé de Lamothe , autrefois assez fort, environné de fossés et de murailles. Il est devenu une propriété nationale en 1792. A un kilomètre de distance de ce château, construit sur un plateau très-élevé , l'on voit un plateau d'égale hauteur, appelé *le Château* , et sur lequel seulement est établie une petite bourgade. C'était un domaine de la couronne qui fut aliéné par les souverains , en faveur des premiers habitans de cette bourgade , qui, depuis lors , en ont toujours conservé la propriété et l'administration, sans le concours des administrations de la commune, en conformité d'un statut de l'année 1440. Ils étaient spécialement obligés de défendre ce plateau , en cas de trouble ou de guerre , et de s'armer pour la défense du pays. Ils étaient même dispensés de fournir des troupes pour la garde de la ville de d'Acqs , lorsqu'ils avaient mis ce lieu en état de défense, et que l'intérêt de sa garde y rendait leurs secours nécessaires. (N.° 8 de la notice.)

37. Arjuzan

Anciennement, Arjuzanx était ville , renfermait un château avec chapelle, était chef-lieu de vicomté de Montaulieu ; ils sont détruits ; il n'existe que les fondemens ; elle possédait un marché considérable en matières résineuses et en seigle. A la

révolution de 1789 , Arjuzanx possédait une haute , basse et
moyenne justice ; elle était composée de MM. Sallebert , avocat
en la cour , juge ; Navailles , procureur d'office , la lieutenance
à M. Vacque et Depret , lieutenant ; Pédèmarthe , greffier.
(Notice n.° 9.)

38.
Préchacq. Préchacq , autrefois , était chef-lieu de baronnie et d'une
haute justice ; ressortait de la vicomté et sénéchaussée de Tartas;
possédait l'abbaye de Divielle , un château fort avec de belles
écuries ; le château est détruit. On y voit cependant les ruines
de fondemens dont le ciment est aussi dur que du roch. Les
écuries sont du moins ce qui reste ; sert d'habitation au colon ;
de là le nom de *Petit Castel.* Le seigneur du lieu avait le nom
de Vignoles ; sa baronnie et ses titres ont disparu comme tout le
reste.

L'abbaye de Divielle n'était ni dans Goos , ni dans Préchacq,
mais c'était elle qui avait créé ces deux communes qui n'étaient
qu'un désert. Les chanoines de Divielle s'appelaient *Prémontrés.*

Elle fut fondée dans le 13e siècle par Navarre de Cousserans;
ce prélat était né du deuxième mariage de Raymond , vicomte
de d'Acqs.

En 1007 , les habitans d'Acqs l'assommèrent en pleine rue ,
parce qu'ils le croyaient l'auteur de la guerre qui avait eu lieu
à cette époque.

L'abbaye de Divielle était placée dans un désert grave et silencieux , loin du bruit des armes , cachée et enfoncée dans le
sein des bois de chênes. On ne l'a découvrait qu'en l'abordant ,
tranquille , calme , surmontée d'un clocher bas et timide , qui
semblait ne pas déceler au voyageur l'existence de l'édifice. Ce
monument , qui a plus de 15 siècles , est encore debout ; le
vandalisme l'a respecté. Depuis la révolution , l'église et le
couvent sont transformés en celliers et greniers de commerce ,
à l'exception de la cuisine et du salon fraîchement restauré.

La mense abbatiale et canonicale donnait une rente annuelle
de dix mille francs.

Cette abbaye négligeait les questions théologiques, voulant trouver un paradis sur cette terre ; ils firent de leur abbaye un Eden délicieux où leur existence s'écoulait riante à des tables somptueusement servies en plusieurs services, où le poisson et le gibier primeurs, etc, abondaient. Le territoire, bordé de rivières très-poissonneuses et giboyeuses, leur en fournissait dans tous leurs besoins.

Nous avons de nos jours plus d'un moine de cet ordre qu'on croit détruit.

Chronologie, ou dates des évènemens les plus remarquables.

331, M. Campagne parle d'un évêque Idassicus qu'une charte de l'abbaye de Divielle fait possesseur d'un siége épiscopal de Lapurdum, cité importante.

1570, 10 juin, la maison abbatiale et celle des religieux furent brûlées par les calvinistes, commandés par Montgommery, comme Arthous, Sorde, Hastingues, etc. Elle fut reconstruite peu de temps après ; elle n'avait rien d'intéressant pour l'histoire.

1578, 2 août, Henri IV concède au seigneur de Vignolles (Français) une haute justice, maintenue par les arrêts du parlement de Bordeaux, août 1581 et 31 octobre 1589.

Les statuts de Préchacq sont des années 1582, 1593 et 1704.

1600, ancien livre terrier.

Le seigneur de Préchacq acquit la fontaine chaude (1), qui est en bassin naturel, creusé en entonnoir, sur une surface d'environ 400 mètres carrés. Cette source sulfureuse donne 50 pieds cubes par minute ; un tiers de plus que celle de Dax.

1614, le marquis de Poyanne acquit cette fontaine du seigneur de Vignolles ; il y fit construire un utile établissement de bains et de boues de santé.

1620, les seigneurs de Vignolles et de Grammont sont honorés de l'ordre du St.-Esprit, à Préchacq.

_____

(1) Les eaux thermales de Préchacq, si salutaires, furent : Laquos Augustos Tarbellicœ des romains !

1753, 4 novembre, le marquis de Poyanne acquiert la seigneurie et la baronnie de Préchacq.

3 juillet, le même marquis acquit des seigneurs Destouesse et Cazaubon la caverie qu'ils avaient à Préchacq.

M. le rédacteur du *Journal des Landes* nous écrivait de Mont-de-Marsan, le 9 juillet 1833 :

« J'ai reçu, mon cher Monsieur, votre notice sur la commune de Préchacq, n.° 10 ; je l'ai trouvée fort intéressante. Elle a dû vous coûter beaucoup de peine et de soins ; ce n'est pas un compliment que je veux vous adresser, mais il est impossible de ne pas reconnaître dans ce travail auquel vous vous livrez, non seulement une étude approfondie, un désintéressement complet, un patriotisme vrai de la part d'un homme qui prépare à l'histoire des documens variés, sur l'*Agriculture*, l'*Industrie* et les diverses ressources du département des Landes.

» Dans notre pays l'étude des sciences n'est pas malheureusement encouragée ni appréciée ; un homme qui s'y dévoue passe plus souvent pour un original; la seule condition honorée est la considération des écus ; les savans du département des Landes, confinés dans le cul-de-sac de notre belle France, ne passeront jamais à la postérité !

» Préparez, mon cher Monsieur, à vos dépens, des matériaux historiques ; les écrivains de la capitale s'en empareront dans dix ans, vous aurez eu la peine, n'est-il pas juste que les pédans, qui se trouvent au soleil, qui l'adorent à son lever comme quelques peuplades de l'Amérique, n'en profitent, puisque de votre vivant vous n'en auvez point profité ?

» Vous avez très-bien fait de citer la maison Salles en rendant hommage à leur bonté et à leur aimable hospitalité ; vous n'avez point été flatteur, mais vous avez rempli un devoir.

» Votre bien affectionné,

» Signé, Jeanti BERNARD. »

39.
Gaujacq. Gaujacq, riche en phénomènes, était autrefois une ville dont nos vieux dictionnaires géographiques font mention ; ravagée par les Sarrasins, on n'en voit aujourd'hui plus vestige. Des écla-

lassières, des broussailles, occupent la place de cette ancienne ville.

M. Darbo fit fouiller il y a quelque temps à un de ses champs où l'on apercevait des fondemens : on y trouva des carreaux magnifiques en mosaïque, des pierres très-bien taillées et quelques pièces de monnaie. Il serait à désirer que quelque amateur d'antiquités pût et voulût faire la dépense des nouvelles fouilles, qui auraient certainement des résultas heureux.

Gaujacq est aujourd'hui un village considérable, répandu sur une grande surface très-riche en minéraux, en sources bitumineuses et salées, etc. ; on y trouve des petits cailloux qui contiennent des feuilles d'argent.

Gaujacq possède deux châteaux forts, l'un avec fossés et a soutenu des siéges; est remarquable par l'étendue de ses bâtimens (il tombe en ruine), par l'avantage de sa position. Bâti par M. Sourde (de), frère du gouverneur et archevêque de Bordeaux, sur le plan de la Chartreuse, possédée par M. de Cazenave et par la maison de Castelnau. On y voit encore un bassin construit en pierre, plein d'eau, qui servait d'abreuvoir à la cavalerie et aux irrigations d'un immense jardin ; il n'est plus habité ; l'autre sert d'habitation. Près du grand château découle une source assez abondante, une substance bitumineuse semblable à la poix sourdant du flanc du côteau du midi, et devenant plus abondante dans les grandes chaleurs ; cette source indique le siége d'une bituminière extrêmement féconde; les rochers qui l'entourent renferment de petits globules d'argent et des parties sulfureuses. Les ayant soumis à l'action d'un feu très-ardent, il s'est fait une détonnation extraordinaire, au point que les voisins en ont été effrayés, et se sont dissous en une substance blanchâtre (la fontaine de Hontarède en Caupenne, charie des cristaux cubiques dorés ; rougis au feu et frappés en un coup de marteau détonnent fortement et donnent une substance blanchâtre ou gaz soufrés).

On a vainement fait des propositions avantageuses au proprié-

Château fort

Bituminière

Globules

taire de ce terrain, le sieur Grichebats, pour avoir la permission de le sonder. La direction des mines devrait s'occuper de
cet objet.

Dans un petit livre de M. Secondat, de Bordeaux, qui a pour
titre : *Observations de Physique et d'Histoire naturelle*, on
trouve un extrait fort court d'un mémoire de M. Juliot, sur le
bitume de Gaujacq.

Bitume purifié.

Ce mémoire rend compte de la manière dont on le purifiait
sur les lieux; c'est en effet par une espèce de distillation : « Le
feu est placé en dessus et le bitume est placé en bas et en des-
sous. L'usage très-utile qu'on a fait de ce bitume pour lier les
pierres des remparts du Château-Trompette (*) de Bordeaux,
indique très-bien celui qu'on pourrait en faire aujourd'hui pour
lier les dalles et terrasses en pierres dont on couvre des bâtimens : il se prépare en 85 parties de bitume brut, 15 de bitume épuré, et de la chaux dans la proportion de 6 à 7 pour
100 de bitume. Si on ne met pas de la chaux dans ce mortier,
il ne faut alors que 10 à 12 demi-kilogrammes de bitume épuré;
en effet, le sable qui accompagne ce bitume ne nuit point à cet
usage. »

Lorsque je fus à Gaujacq visiter cette bituminière en 1774,
on y voyait encore le *focus* ou fourneaux; mais il y avait plusieurs années que le travail avait été interrompu.

Usage.

Voilà donc, à mon avis, le meilleur usage qu'on puisse faire
de ce bitume; quant à ce qui regarde l'usage de la marine,
sans doute que cette matière épurée serait bonne, mais ne contenant qu'environ huit kilogrammes, il est difficile, quelque
bon marché que soit la main d'œuvre dans le pays; de pouvoir
se flatter d'un grand bénéfice dans cette exploitation, d'autant
que dans cette dépuration il y a toujours une partie, et même
assez considérable, qui se consume sans se brûler et reste sur

[*] Le Château-Trompette est à l'entrée du quai, et commande le port; c'est
une citadelle ancienne que l'on commença à bâtir en 1454, mais que M. de
Vauban augmenta et finit sous le règne de Louis XIV.

les grilles des fourneaux sans couler, et réduite en charbon : il est vrai que ce charbon doit brûler à son tour et servir à chauffer les fourneaux à la manière du charbon brûlé ou cook des anglais.

La source salée, dont le revenu est si considérable, jaillit presque perpendiculairement et est très-abondante ; les paysans de 12 ou 15 communes n'usent pas d'autre sel que celui de cette eau qu'ils mêlent avec leurs alimens. Le degré du sel est beaucoup plus fort à la source de Gaujacq qu'à celle de Saint-Pandelon. *Eau salée*

Le fondement fait avec persévérence par les gens de l'art (mineurs principiés), convaincrait les incrédules et les gens à routine, qu'il est facile d'augmenter le nombre des fontaines ou des puits d'eau salée. Il est certain qu'on découvrirait des mines de sel gémo et du charbon de terre.

La principale fontaine doit son sel de muriate de soude à un grand banc de sel gémo qui se trouve dans cette commune, et dessus ce banc est assis une roche de plâtre.

Une terre très-rouge, espèce de lave qu'on aperçoit dans presque toute la commune, fait présumer l'existence d'une éruption volcanique. *Lave.*

Mont-de-Marsan a donné le nom à l'ancienne province de Cocosate ; ses habitans ont ensuite porté le nom d'Aquitains. — Bâtie en 1140. *4o. Mont-de-Fondation*

Depuis 1027 jusqu'à 1153 que les anglais devinrent possesseurs de l'Aquitaine, Mont-de-Marsan fut gouverné par ses vicomtes.

1266, mariage de Constance avec Henri, fils de Richard, roi des romains ou d'Allemagne ; ont été conservés au trésor de Pau, en date de Londres, du jour de l'octave de la Chandeleur, par lequel Gaston donne et constitue à sa fille en mariage, etc., en outre, lui accorde le vicomté de Marsan, Marthe, sa femme, y consentant, en présence de Thomas d'Ypégrave, chevalier, sénéchal de Gascogne, qui autorisa cette émancipation en la ville de Mont-de-Marsan, le mercredi après l'octave de Saint-Martin d'hiver, l'an 1268, présens les témoins à ce appelés, les révérends Pères archevêque d'Auch, Pierre, évêque d'Aire, de Bigorre, de Lectoure, d'Oloron, Esquival, comte de Bigorre, Géraud, comte d'Armagnac, Pures, vicomte de Tartas, etc., etc., etc.

1190, depuis long-temps, la ville de Mont-de-Marsan était honorée de la dignité vicomtale.

Le Vicomte Pierre désigna à bâtir la ville de Mont-de-Marsan où elle est aujourd'hui située sur la rencontre de Tartas, petite rivière de l'Adouze et du Midou, laquelle sert comme d'une étape pour la débite des grains qui se recueillent dans le pays d'Armagnac.

Pour cet effet il s'adressa aux habitans des paroisses voisines de St.-Pierre et St.-Génez, afin de les obliger de faire leur résidence dans la nouvelle ville qu'il entreprenait, sous promesse de leur octroyer la protection de toutes sortes d'immunités.

Mont-de-Marsan était la capitale du même nom.

En 1500, le prix des objets était :

Marc d'argent, 11 livres.

Une paire d'Oies grasses, 12 liards.

Idem d'Oisons, 9 liards.

Idem de Chapons gras, 16 liards.

Idem de Poules grasses, 11 liards.

Idem de Poulardes, 8 liards.

Idem de Poulets, 5 liards.

Idem de Coqs, 6 liards.

Idem de Tourterelles, 10 deniers.

Idem de Sarcelles et Pies, 3 liards.

Idem de Bécasses, 14 liards.

Idem de Perdrix, 10 liards.

Un gros Lièvre, 8 liards.

Un petit Lièvre, 6 liards.

Une paire de Palombes, 10 deniers.

On ne payait la messe que 10 deniers.

1569, Montgommery, fier de ses succès contre Terride, se proposa de venir assiéger Acqs; une compagnie sortie de St.-Sever osa l'attaquer malgré sa supériorité et le força de renoncer à ses projets.

Montluc aurait dû le poursuivre, mais il tourna ses efforts contre Mont-de-Marsan ; il le prit par escalade, et il souilla la victoire par ses cruautés. *Victoire souillée.*

Prix des transports par terre et par eau, etc.

La journée d'un bateau, 7 sols.
Un charroi de bouvier, 1 sol.
La conque de froment, 3 livres.
Une douzaine d'œufs, 2 sols.

1594. Henri IV, dans sa charte du 9 octobre 1594, dit : *Franchises.* que lorsque la nécessité le requérerait, malgré leurs franchises et leurs exemptions, ils avaient très-libéralement subvenu, autant qu'il était possible, de leurs biens et moyens, à la conservation de la ville de Mont-de-Marsan, pays de la sénéchaussée de Marsan.

1626. Sous le règne de Louis XIV, des factieux assiégeaient *Volontaires* Mont-de-Marsan ; des volontaires d'Acqs, commandés par M. de Borda, maire de la ville, soutinrent un combat.

1637. Des maladies, d'une nature fort maligne, firent de grands ravages du côté de Mont-de-Marsan ; le corps municipal publia une ordonnance pour interdire tout commerce pendant vingt mois avec les lieux infectés.

1643. Gilles Boutaut, évêque d'Aire, publia des ordonnances sinodales.

Il établit des religieuses Ursulines dans les villes de Mont- *Etablisse-mens religieux.* de-Marsan et St.-Sever, et les Capucins à Grenade.

1693. Jean-Louis de Fromentières, évêque d'Aire ; il extirpa dans son diocèse quelques restes du paganisme, en particulier les courses et les combats de taureaux qui servaient de spectacles au Mont-de-Marsan, et il opéra quelques conversions.

Cette subvention libérale, proportionnée aux ressources et

aux besoins du pays , exclut toute idée de contribution forcée , et une telle subvention doit être déterminée par le pays qui la fournit.

Assemblées. Peut-on douter que ce pays s'administrait lui-même ? peut-on douter qu'il avait ses assemblées autrefois appelées : *Placités* , tantôt *Assises* , tantôt *Comices* et aujourd'hui *États*.

Les peuples de cette province allaient volontiers à la guerre , ils y suivaient leurs souverains , ils s'exposaient pour eux à tous les dangers, ils se sacrifiaient même pour les alliés de leurs **Impôts.** maîtres, (voyez la notice historique sur Dax , n.° 275), (1) mais ils ne payaient pas d'impôts, que ceux qu'ils jugeaient nécessaires pour les frais de leur dépense. Ils versaient leur sang pour la patrie ; ils le lui devaient.

Restitution. Les remontrances qu'ils firent à Édouard III, en l'année 1341, et les ordres que ce roi donna de leur restituer ce qu'on avait exigé d'eux , prouvent évidemment ces grandes vérités.

Les vieux bâtimens qui existent à Mont-de-Marsan sur les lieux appelés de *Lacatay* et qui présentent des croisées gothiques en ogives, étaient les magasins de Montluc ; aujourd'hui ils appartiennent à MM. Galatoire , Lobit, Laburthe et Tournaire.

Démolition des forts. La tour existante près la place St.-Roch est bâtie à une des angles des anciens remparts de la ville et en fait partie. Quelle était sa destination ? Lorsque les remparts furent démolis , le terrain sur lequel ils avaient été élevés fut aliéné ou concédé par le domaine à différens particuliers , ainsi que la tour dont il a été parlé ; elle appartient à M. Marrast aîné.

Inscription gothique. On voit à la rue du Commerce , route royale , rue la plus antique, à l'une des maisons, une inscription difficile à déchiffrer , avec le millésime de 1196.

Le Château-Vieux , appelé de Nolibois, où étaient les anciennes prisons et où les différens tribunaux tenaient leurs audiences,

---

Otage. (1) Dans le commencement du 13.e siècle, un citoyen de la ville d'Acqs servit d'otage pour le Roi de Sicile. Édouard I lui donna pour récompense la place de la Nehe près la fontaine chaude ; ses descendans vivent dans l'obscurité et dans l'indigence, et des hommes inutiles ont une postérité opulente.

a été démoli , et sur cet emplacement on vient d'y construire une halle avec salle de spectacle.

Les portes de la ville ont été démolies à différentes époques : celle dite du Bourg-Neuf ou Montrevel, le fut la première, il y a environ 90 ans ; celle dite d'Aire, Brouchet et Saint-Sever, celle contre la maison Gros, boutonnier, et celle du Port, contre la maison Baylen , le furent il y a 85 ans ou environ. On conserva seulement celle dite de la Porte de Campet, qui existe encore à l'entrée du pont des Landes , par où l'on passe pour aller au faubourg de ce nom.

M. Bourriot était maire de la ville.

Si la ville de Mont-de-Marsan a perdu ses monumens qui attestent son antiquité et qui devraient perpétuer le souvenir de sa gloire et de ses habitans, elle a au moins le bonheur de retrouver ses anciennes chartes confirmatives de plusieurs de ses priviléges ou constitutives de ceux qui lui furent accordés par de nouvelles récompenses de sa fidélité et de sa loyauté.

Louis XVI appelle aux droits d'être élus pour députés de la noblesse, tous les membres de cet ordre indistinctement , propriétaires ou non propriétaires de 1787.

Par l'état annexé au règlement du 19 février 1789 , la sénéchaussée de Mont de-Marsan doit nommer quatre députés aux États-généraux, savoir : le clergé un, la noblesse un et le tiers-état deux.

La réunion de la sénéchaussée de Marsan fut fixée à Mont-de-Marsan pour le 20 avril et être terminée le 24 dudit.

Les membres nommés furent :

Le clergé , Laporterie, de St.-Sever, curé à Lencouacq ;

La noblesse , de Lassale, marquis de Roquefort ;

Tiers-État, MM. Pérés (*) , conseiller au parlement de Bordeaux, et Mauriet, avocat à Villeneuve.

L'assemblée généréale (**) réunie à Versailles y changea de

[*] M. Pérés fit sa démission deux mois après sa nomination et fut remplacé par le docteur Dufan , de Mont-de-Marsan.

[**] La dernière assemblée générale date de 1614.

nom et prit celui d'assemblée nationale. (*)

En 1789, M. de Mesme, maréchal-de-camp, était grand sénéchal; M. Lefranc-Brancs, président subdélégué de la sénéchaussée.

En 1808, sous l'administration de M. le marquis Dulyon, maire, on fit faire des fouilles; les premières pour la construction d'un nouvel hôtel de la préfecture à Mont-de-Marsan, ayant été faites en conséquence du décret impérial du 12 juillet 1808, M. le baron Duplantier, préfet du département des Landes, cédant au vœu des habitans, posa la première pierre de cet édifice et déposa dans les fondations une urne contenant copies des anciennes chartes du pays, qui avaient été trouvées l'année dernière dans les décombres de l'ancien château. Il profita de cette circonstance pour faire aussi le dépôt des originaux de ces chartes à la municipalité. Toutes les autorités constituées, civiles et militaires, la population presqu'entière de la ville, s'étaient réunies pour assister à cette double cérémonie qui fut un jour de fête et fera époque dans les annales de cette ville.

On lira avec intérêt, nous n'en doutons pas, le procès-verbal qui fut rédigé à cette occasion.

D. O. M.

Du règne de Napoléon-le-Grand.
La septième Année.

Procès-verbal de la remise à l'Hôtel-de-Ville de Mont-de-Marsan des chartes dans les fondations de cet hôtel.

L'an de grâce 1810 et le 29 du mois de décembre, onze heures du matin, dans la ville de Mont-de-Marsan, chef lieu du département des Landes, sur l'invitation de M. Jean-Marie-Cécile-Valentin-Duplantier, baron de l'Empire, officier de la Légion-d'Honneur, Préfet du département des Landes, actuellement

---

[*] Les curés de ce diocèse ont fait imprimer une critique de ce plan. M. Lumière, avocat, leur censure n'empêchera point que l'on assigne aux travaux littéraires de ce célèbre jurisconsulte l'épigraphe bien méritée, *Lumen de lumine.*

appelé par S. M. l'Empereur à la Préfecture du nord, se sont réunis dans son hôtel provisoire, maison Dartigue.

Messieurs :

Jean Cazeaux, président, Jean Brocas-Perras, J.-B. Lefranc, procureur impérial, Joseph Broqua, substitut et Barthélemy Fargues, greffier (seuls présens), composant le tribunal de première instance, et Lefranc-Brancs, supléant au tribunal, juge de paix du canton de Mont-de-Marsan.

M. le chevalier de Poyféré, membre de la Légion-d'Honneur, élu au corps législatif, président de la dernière session du conseil général des Landes, et MM. Soubiran et Origet, membres dudit conseil.

M. Tassin, secrétaire-général de la Préfecture, MM. Bordenave, Lubet-Barbon, (Dubosc, absent), composant le conseil de préfecture des Landes.

MM. de Carrère, président, Dulyon et J.-B. Laurens (les autres absens) composant le conseil d'arrondissement.

MM. de Lassale de Roquefort, Mauriet et de Crustac, membres du collège électoral du département.

Ces administrateurs réunis comme citoyens, mais que la convenance appelle à la solennité de ce jour, attendu qu'ils sont les dépositaires des intérêts du département lorsque sa majesté les convoque.

M. le baron Duplantier a dit : « Messieurs, vous êtes instruits que j'ai recueilli six chartes qui ont été trouvées dans les ruines du château de cette ville, dont la démolition a été ordonnée pour que le pont qui va être bâti et la place sur laquelle il doit déboucher fussent coordonnés avec les localités.

Ces chartes écrites dans l'ancienne langue romance, rappellent la première origine de votre cité qui remonte au règne de Charlemagne (768), elles traitent encore de la seconde fondation qui eut lieu sous Louis-le-Jeune, par les soins d'un de vos anciens souverains, Pierre Labanner. (Depuis tant de siècles ces chartes sont dans les ténèbres; pour l'honneur de la ville, le conseil municipal devrait les mettre au jour par la voie de l'impression.) Voir la suite dans la notice historique de la ville de Mont-de-Marsan, n.° 251.

Ils s'élèvent contre ce plan parce qu'ils y sont placés au quatrième rang ; et ils revendiquent celui qui leur appartenait, lorsqu'ils ne s'occupaient que du spirituel : les temps ont changé; les mœurs et les rangs ont suivi leurs variations.

« Il est vrai qu'autrefois les curés étaient nommés cardinaux ; ce nom de cardinaux marquait qu'ils étaient attachés pour toujours à leur titre comme une porte est engagée dans ses gonds , dit M. Fleuri. Ils ont renoncé à ce beau nom pour changer de *bien en mieux.*

» Ils critiquent tous les économistes ; eux seuls connaissent la valeur de nos terres, et leur critique même est contre eux.

» Ils condamnent la loi qui permet les défrichemens ; il est vrai qu'elle affranchit de la dime les fonds nouvellement défrichés.

» Ils s'élèvent contre la culture du maïs (*) , le seul aliment de nos chalossains ; ils disent qu'après avoir franchi les Pyrénées, il sauta d'Espagne sur les bords de l'Adour...... Que la terre lui fit un accueil distingué...... mais que bientôt elle devint la victime de ce nouvel hôte , etc. , etc. Ce tableau est gai , quoique les Pyrénées y soient changé de place.

» Je suis étonné qu'après avoir dit que les compagnons de Colomb apportèrent le maïs de l'Inde en Espagne , ils n'aient pas ajouté que les poissons s'étaient mis aux fenêtres pour voir passer ce célèbre voyageur.

» La critique de ces pieux ecclésiastiques n'est pas juste ; leur zèle pour les peuples qui leur sont confiés les a trompés ;

[1] Le maïs est originaire de l'Amérique méridionale, sa culture en Europe remonte à 1660, dans le département des Landes à 1754 ; sa récolte est facile et simple lorsque le grain est mûr, le laboureur suivi de sa famille profite du beau temps pour couper l'épi et le transporter à la grange.

les difficultés qu'ils font naître en annonceraient de plus sérieuses si l'on ne savait qu'accoutumés à faire le bien, ils éviteront tout ce qui pourrait s'y opposer.

» BERGOIND, Avocat à Dax. »

Le troisième arrondissement du département des Landes est d'une très-faible partie du territoire de l'ancien pays des Lannes, autrefois le pays des tarbelliens, dont la cité de d'Acqs était la capitale (Ptolomée, l. 2, ch. 7; Pline, Strabon (*), etc.

Crassus, lieutenant de Jules Cézar, la conquit, et l'empereur lui conserva tous ses priviléges (Cézar, lib. 8).

Ce pays était exempt de tout tribut sous les gaulois (Cézar, lib. 3); il continua à jouir de ses franchises; il se régissait de lui-même; toutes les affaires générales étaient traitées dans l'assemblée du peuple et on y délibérait sur les intérêts communs. (Cézar, lib. 6).

Lorsque Jules Cézar la conquit elle était nommée *Aquæ Tarbelliæ Augustæ*; promit à ses habitans de leur donner son nom, et depuis lors elle fut nommée *Aquæ Augustæ*, Acqs et Dax.

Sous les empereurs romains elle était le siége d'un proconsulat. Pelus en était le proconsul sous le règne de Trayan : il y mourut l'an 117. Son tombeau fut découvert vers la fin du 17.ᵉ siècle, lorsqu'on construisit l'église de la cathédrale qui s'était écroulée peu d'années auparavant; le marbre qui couvrait ce tombeau, sur lequel était gravée l'épitaphe de ce proconsul, fut conservé pendant quelques années avec soin.

4ᵉ.
Dax.

[*] Selon Strabon, le territoire de l'Aquitaine est en grande partie aréneux, mince, nourrissant les peuples de millet et produisant peu de fruits....... « Il est difficile de mieux peindre ce que sont encore aujourd'hui nos Landes, et la presque totalité du département. D'après le même auteur, le territoire des tarbelliens [ceux de Dax] abonde en or, qu'on trouve facilement sous les sables...... Les sables, nous les avons encore, mais l'or l'on n'en trouve plus.

Une partie des murs des fortifications (1) qui forme l'enceinte
de cette ville, attestent qu'ils furent l'ouvrage des Romains ; ces
fortifications ont en divers temps éprouvé des changemens qui
ont altéré leur première forme. *Aquæ* (Acqs) était la cité des
peuples Tarbelliens dans l'Aquitaine ; ce nom Aqes lui fut donné à cause de ses eaux qui existaient et étaient en réputation
avant la conquête de l'Aquitaine par les Romains qui habitaient
la Gaule Narbonaise, suivant le témoignage de Pline (lib. 31.)

Sous nos Rois de la 1.re race, la cité de d'Acqs, et le pays
de Lannes qui en dépendaient étaient gouvernés par un comte.

Nicetus, qui fut nommé évêque de d'Acqs en l'année 585,
était fils du comte de d'Acqs (Grégoire de Tours, lib. 7, chap.
31.)

Les rois d'Angleterre créèrent des sénéchaux dans les divers
districts de la Guienne ; une de leurs principales fonctions était
d'assembler les peuples du district, pour délibérer, soit sur les
affaires du souverain, soit sur celles du pays de leur ressort, et
de mener ses sujets à la guerre ; ils remplissaient les anciens
devoirs des comtes.

Chronologie des dates.

59 ans de l'ère chrétienne : En ce temps, la Novempopulanie
fut convertie ; Saint-Vincent, patron de la ville de d'Acqs, en
fut le premier évêque.

419 : D'après une charte, citée dans la chronique de M.
Campagne, Lapurdum, de leur temps, était gouverné par des
préfets royaux qui résidaient à Acqs. Cette dépendance d'une
cité, ancien séjour d'un tribun romain dont on n'entend plus
parler qu'en 900, et qui fut, dit-on, transféré à Labouheyre,
annoncent assez l'état misérable où l'avait réduite les révolutions
de la Novempopulanie.

[ ] Les remparts de Dax fondés sous le règne de Galien et la préfecture de
Tiricus qui édifia le palais Galien à Bordeaux, ces remparts sont un ouvrage
que les romains nommés Raiculé, sont en pierre et de distance en distance liés
par des briques tégalons. [Note de M. Henri, comte de Poudenx, antiquaire].

Vers le milieu du 11.ᵉ siècle, Raymon, évêque d'Acqs, et qui prenait le titre d'évêque de toute la Gascogne, parce qu'il en possédait presque tous les évêchés, transféra le siége d'Acqs du village de Saint-Vincent dans la ville, du consentement de Guy, duc d'Aquitaine et celui des barons, des seigneurs et des habitans du pays.

1153 : Henri II accorda à la ville d'Acqs des priviléges d'exemption de tous subsides.

1173 : Henri II octroie à la ville d'Acqs le droit de mairie et de jurats, et l'exempte de tous droits de coutume.

1177 : Richard, fils d'Henri II, assiége d'Acqs; le vicomte Pierre se défend avantageusement; les habitans ne rendent la place qu'après la mort de Luclos, chef, mort sur la brèche : on ne dit point par quelle raison ce prince attaqua cette ville; mais il est rapporté qu'il usa modérément de sa victoire, confirma et augmenta les priviléges qu'Henri II avait accordé à d'Acqs.

Après les comtes, et sous la troisième race de nos rois, Acqs eut des vicomtes qui prirent fin vers l'année 1180. A cette époque, leur héritière épousa Raymond Arnaud, vicomte de Tartas, dont la famille posséda depuis Acqs et Tartas, jusqu'à 1295, époque à laquelle Raymond Arnaud, second du nom, n'ayant point d'enfant légitime, vendit les deux vicomtés au seigneur d'Albret, père d'Henri IV, qui prenait le nom de vicomté de Tartas.

1312, 7 juillet, le jeune prince d'Edouard fut monté sur le trône de son père; il visita son duché de Guienne; il vint à Acqs; il y reçut le serment de fidélité de ses sujets, et jura en présence des Etats qu'il conserverait nos droits. Il accorda des grâces aux seigneurs de ce pays, notamment à Oger de Poudenx, (*) et confirma ensuite les priviléges d'Acqs. 1320.

1321. Il apprit avec satisfaction que les habitans de cette ville et du pays avaient fait des dépenses considérables pour clôre et

7

fortifier la ville , pour l'environner de fossés et la mettre en état de défense contre les efforts des ennemis. Les Etats avaient fourni à ses frais par des contributions qu'ils s'étaient imposées suivant l'usage. Il ne les avait point aidés ; et pour dédommager ses sujets si fidèles à leur devoir , il voulut les affranchir du droit appelé *la grande coutume* , qui se percevait à son profit sur les vins qui passaient dans la ville de Bordeaux , etc.

Contributions Franchises. 1335. Le sénéchal de Gascogne avait forcément exigé des contributions pour la solde des troupes dans sa province.

Les maires , jurats et commune d'Acqs s'en plaignirent au roi , soit en leur nom , soit en celui du ressort.

Ils s'étayèrent de leurs franchises et libertés , et demandèrent le remboursement des sommes que l'on avait exigées d'eux , malgré leurs exemptions. Edouard ordonna à son connétable de Bordeaux de se rendre à Acqs , d'assembler ses sujets du pays , de régler avec eux cette affaire , de leur rembourser sans délai les sommes qu'on avait exigées d'eux , ou de leur assigner un prompt remboursement sur les revenus.

1348. Le pays des Lannes était tellement exempt de tout impôt , qu'il ne payait pas même les gages de son sénéchal , puisque Edouard ordonna que , suivant l'usage , ceux de Thomas Hampton seraient assignés su les revenus de son droit de monnayage.

1351. Après avoir confirmé les habitans de d'Acqs dans le droit de se garder eux-mêmes , il voulut faire jouir la ville de Saint-Sever des avantages des communes (*) ; il lui accorda le droit , 5 mars , de former une communauté , et d'élire un maire et douze jurats.

Les priviléges de cette province étaient d'autant plus inaltérables, que les ducs de Guienne étaient obligés , dès leur avènement , de jurer qu'ils les conserveraient , et leurs sujets du pays des Lannes faisaient ensuite leur serment de fidélité.

---

[*] Pour se faire une juste idée des communes, il faut lire la savante dissertation de M. de Vellerault , sur cette partie intéressante du droit public , tome XI des grandes ordonnances du Louvre.

Le prince de Galles, Édouard IV, avait mandé à Bordeaux **Serment.**
les maires et jurats d'Acqs et les députés des villes et paroisses
de la sénéchaussée, pour prêter le serment de fidélité et recevoir le sien. Ils lui représentèrent que leurs priviléges les auto-
risaient à ne faire ce serment que dans leurs pays, où le souverain était obligé de se rendre pour y faire le sien. Edouard,
loin de vouloir les priver de ce droit, rendit une ordonnance,
dans laquelle il le ratifia (6 juillet 1363), et il déclara, tant pour
lui que pour ses successeurs, que cette novation ne leur ferait
aucun préjudice.

Si l'on considère que cette charte émane du vainqueur du roi
Jean II, on jugera de l'évidence de ce privilége.

1364. Jean Gustarits, évêque d'Acqs, transige avec les offi- **Juridiction**
ciers de la ville, concernant la juridiction séculière sur les prê- **des prêtres.**
tres, en cas de crime.

1367. Les habitans de St.-Paul et de St.-Vincent sont soumis
à la garde de la ville d'Acqs; Edouard ordonne qu'ils seront
tenus au guet et arrière-guet.

6 mai 1380. Richard II, son fils, devenu roi d'Angleterre et **Priviléges.**
duc de Guienne, confirma tous les priviléges, franchises et immunités de la ville et commune d'Acqs, et reconnut qu'elle était
exempte de toute espèce d'impôts et de subsides.

Peu de temps après, il confirma aussi les franchises et libertés
de St.-Sévere. 26 août.

1522. Il avait été nécessaire de démolir les maisons des chanoines pour fortifier la ville.

L'année suivante, on continua les fortifications et on fit abat-
tre les églises de St-Eutrope, des Carmes et celle de Ste-Claire
qui étaient hors la ville, afin de n'être pas gêné dans la défense,
être plus en état de résister aux attaques des espagnols qui assiégeaient Bayonne et qui menaçaient de faire une incursion
dans le pays des Lannes; mais les mesures prises par Haubar-
din pour leur résister, les força à se retirer, et dans leur re-
traite ils brûlèrent Hastingues et Bidache.

1649. L'ordre général que l'on donna pour désarmer la Gui- **Désarmement**
enne fut exécuté dans le pays des Lannes, et l'on voulut y

lever des impôts établis dans le royaume, pour l'augmentation de la solde des troupes.

Les États s'assemblèrent et ils députèrent devers le roi Adrien d'Appremont, vicomte d'Orthe (*), pour lui représenter qu'ils étaient en pays frontière et limitrophe du royaume d'Espagne, Navarre et d'Aragon ; qu'ils étaient sujets aux courses des ennemis, et que les habitans du pays étaient journellement contraints à porter les armes tant pour le service du roi que pour la défense desdit pays et ville de garde, Dax, St.-Sever et Bayonne, qui sont de ladite sénéchaussée.

Henri II ayant reçu leur supplication, il leur enjoignit de se procurer les plus belles armes et de s'y exercer à ce que mieux ils puissent continuer le service.

1552. Il créa le présidial d'Acqs.

En 1557, M. Laurens Durou était juge mage de la ville et cité de Tartas.

1571. Les Huguenots tâchent de surprendre d'Acqs la nuit de la St.-Barnabé ; un paysan les découvre, avertit le guet, et par les soins de leur grassiat, la ville est sauvée.

Philipert Dussault, évêque d'Acqs, conjointement avec le corps de la ville, établit les Pères Barnabites au collège, auquel il mit le prieuré du St.-Esprit et la cure de Breyre.

1654. Le couvent des Ursulines est établi dans la ville d'Acqs.

1700. Il est rapporté que du temps des romains, il y avait des bains superbes en marbre dans la ville, à l'endroit de la fontaine chaude.

Une expérience faite avait fait croire que l'eau chaude n'avait pas de fond. M. Secondat, avec des précautions, fit disparaître le merveilleux en 1741. D'après son expérience, la profondeur de ce prétendu gouffre n'est pas à quatre toises. Le solide d'eau fourni par la source revient à peu près à un tonneau et demi par minute. (*Extrait des archives de l'hôtel-de-v. de Tartas.*)

<hr>

[*] Les vicomtes d'Orthe ont rendu de grands services au pays des Landes ; on a déjà vu que dans le douzième siècle ils avaient acquis des droits à la reconnaissance. L'histoire du pays fait remonter ces droits à un terme encore plus reculé. Cette maison a aussi donné des prélats à l'Église et des sénéchaux à ce pays.

En 1650, le marché était considérable et le meilleur de la province ; on y vendait de la résine , goudron , blé , vin , etc. , pour 150,000 fr.

1777. Population non compris le Sablar ni Cassourat, était de 3062 individus.

(Extrait des fortifications de la Guienne, Acqs 1777).

1786. Lorsque la vieille église de St.-Vincent fut démolie , il y a environ 90 ans , on y trouva plusieurs monumens qui attestaient l'antiquité d'une partie de cet édifice qui avait été plusieurs fois ruiné par les ennemis, notamment les tombeaux des premiers évêques et des chanoines. Le respect religieux pour les cendres de ces morts détermina à recouvrir ces tombeaux sans les déplacer. On eut le tort de ne point prendre note des inscriptions gravées sur la plupart de ces tombeaux et sur les murs latéraux des deux caveaux qui avaient été découverts.

1789. M. le comte de Juliac était grand sénéchal de la sénéchaussée des Lannes ; M. de Neurrisse , lieutenant, président.

Les députés aux Etats généraux étaient, savoir :

Députés.

Le Clergé : M. l'abbé de Gosse , d'Amou , curé de Saugnac.

La Noblesse : Comte de Barbotan de Carits, à Mormets (Armagnac).

Le Tiers-Etat : MM. Basquiat (Alexis), lieutenant-général de la sénéchaussée de St.-Sever ; Lamarque , procureur du roi près le sénéchal , à St.-Sever.

L'assemblée générale réunie à Versailles prit le nom d'Assemblée Nationale.

Subdélégué : M. de Darmana , de Dax.

1831. La population de la ville , compris les faubourgs et le Sablar , 4716.

Une déclaration du Roi, datée du........., ordonne à toutes les villes et communautés du royaume de faire la déclaration de tous les biens qu'elles possèdent ou qu'elles pourraient avoir aliéné depuis 1555. Cette déclaration fut signifiée le 4 mars 1678 aux jurats de Tartas , avec sommation de fournir leur déclaration au bureau établi dans la ville d'Acqs pour la recevoir.

Très-anciennement le littoral de Mimizan et Parentis étaient habités par des peuplades qui étaient des Boyens.

La commune de Mimizan était ville et port de mer ; le sable que jetta la mer a tout englouti.

Nous pouvons citer à l'appui , des documens historiques.

Elle possédait une abbaye de l'ordre des bénédictins (1) , l'église existe encore , le couvent est aujourd'hui occupé par M. Texoëres , maire.

La commune renfermait vingt Pyramides (espèces d'autels des Druides) ; aujourd'hui elle n'en renferme que quatre ; elles appartiennent à une époque très-reculée (2) ; la première existe , à environ 200 mètres ouest du bourg ; les autres gisent à un kilomètre à peu de chose près , nord-est dudit bourg ; le temps et le vandalisme les ont dégradées ; néanmoins , malgré ces mutilations , le vulgaire de ces contrées n'en parle qu'avec vénération, et lorsqu'il les voit il éprouve un religieux respect ; la caste éclairée y trouve un sujet d'entretien qui souvent est le nec plus ultra de son érudition.

Quelle est l'origine de ce monument antique ? Quel était son usage ? Il est je crois impossible de prononcer sur l'époque de sa fondation ; quant à son usage , l'opinion commune , c'est que son seul attouchement obtenait la grâce à un coupable ; ce qui présente une analogie frappante avec les asiles qui n'aguère exis-

[1] L'ordre des Bénédictins a 900 ans d'existence en Allemagne. [Constitutionnel de 1818] , 15,600 saints canonisés , 15,700 écrivains , 4,000 évêques , 2,600 archevêques , 200 cardinaux et 24 papes.

[2] Du temps antérieur à la conquête des romains , les temples n'étaient pas très-multipliés , et souvent étaient au milieu des forêts épaisses de chênes qui couvraient les gaules et là se faisaient les sacrifices. Les victimes étaient posées sur des espèces d'autels et fréquemment des prisonniers de guerre faisaient les frais de ces sanglantes offrandes. Dans cette espèce de sacrifice , les Druidesses avaient pour mission de plonger un poignard dans le cœur de la victime , ensuite de concert avec les Druides , elles cherchaient à découvrir l'avenir par la manière dont le sang ruisselait et dont l'immolé exhalait les derniers soupirs.

Le Gaulois, dit Cicéron , croyait ne pouvoir être religieux sans être homicide. Cette maxime horrible disparut devant les armées romaines, 53 ans avant l'ère chrétienne.

taient, à Rome, en Espagne, etc. , à Bidache (Basses-Pyrénées), etc. , on rencontre de ces espèces d'Autels sur les routes royales de St.-Sever à Hagetmau.

Les celtes n'étaient pas plus superstitieux que leurs successeurs; il n'était pas une paroisse dans les Landes qui n'eut sa légende, son revenant, son loup-garou, ses miracles, etc., etc.

Dans une fouille faite à l'église et sous l'Autel de Mimizan , faite il y a environ six ans, on y a trouvé trois couples avec chevelures, des os *(tibia perono fermur)*, excèdant de beaucoup la longueur et la grosseur ordinaire ; et cette grandeur décelle qu'ils ont fait partie d'individus gigantesques.

Au recueil des ordonnances des Rois de France , tome 15 , page 630 , se lisent la reconnaissance et confirmation des droits de Mimizan , consentie à Acqs, par Louis XI , en mars 1462. Cette ordonnance est suivie : 1° d'un acte du 14 décembre 1271: par lequel Edouard I, roi d'Angleterre, en reconnaissance des services que lui a rendu la communauté des bourgeois de Mimizan , reconnaît leurs droits, libertés et franchises ; 2° d'un autre acte du prince Noir , (fin d'Edouard III) du 20 mai 1366, qui confirme ces mêmes libertés, toujours en reconnaissance des services rendus (voir la notice historique sur la commune de Mimizan , n° 82, 70 pages in-4°).

Le 28 novembre 1289, Édouard I.er, étant à Bellegarde , fait don de la montagne de Bias aux habitans de Mimizan.

Des établissemens et coutumes de cette commune portés au même ouvrage , sont extraits les articles suivans (Voir ladite notice , par l'auteur).

M. Geoffroy, maire de Cassen , membre du conseil général du département des Landes , nous écrivait le 9 novembre 1834:

J'ai lu, mon cher Monsieur, avec le plus vif intérêt, votre Mimizan et Saubusse; ce sont des ouvrages complets sur les Landes; les faiseurs de paris y retrancheront et ils auront tort.

Je vous souhaite le bonjour.   Signé, GEOFFROY.

M. le Chevalier Ramonbordes nous écrivait le 22 janvier 1835 :

Mon cher Monsieur , j'ai reçu votre aimable épitre; l'exem-

43.

plaire que vous avez voulu m'adresser du Guide Pittoresque du Voyageur dans le département des Landes, publié par MM. Didot frères, et extrait de votre grand ouvrage, n° 73 du sommaire, etc., et le 2.º tirage de ce sommaire ; agréez mes sincères et bien vifs remercimens de cet envoi.........

Je ne me console que par l'espoir de voir imprimer votre manuscrit tel que vous l'avez composé, 237 pages in-4° ; je regretterais cependant qu'il parut sans portraits, vues et cites pittoresques ; je puis disposer d'un portrait bien fait de Royer Ducos; je le joins ici au cas où vous voudriez le conserver ou avec un exemplaire de Didot.

Je vous souhaite toujours de la santé, du courage et des succès ; ne doutez pas de mes sentimens affectueux, ils vous sont bien acquis.

J'espère que vous retrouverez, Pouillon, Pony et Pissos, ou que vous serez en état de les remplacer. J'ai appris avec peine que tout le monde n'est pas aussi exact que moi de vous rendre ce que vous communiquez.

M. le Chevalier Moulin, capitaine retraité, (du département du Calvados), nous écrivait de Tartas, le 25 mars 1836 : J'ai lu avec intérêt l'ouvrage que vous avez eu la bonté de me communiquer, et je ne puis trop louer votre zèle, votre amour des recherches, et, je le dirai, le bonheur que vous avez eu dans ces recherches. J'étais loin, je l'avoue, de croire le département des Landes aussi digne d'attention...........

Veuillez, je vous prie, agréer mes félicitations et l'assurance de toute la considération de votre très-humble et dévoué serviteur.

Signé, MOULIN.

M. Fauché, avocat à Dax, nous écrivait le 7 octobre 1836 :
Je vous renvoie par l'occasion que vous m'avez indiqué, le Guide Pittoresque du Voyageur dans le département des Landes, et une notice sur les antiquités de la ville de Dax, que vous avez eu la bonté de me communiquer. J'ai lu ces deux ouvrages avec le plus grand intérêt et un plaisir vivement soutenu par cette pensée que c'était le travail d'un ami de ma famille et particulièrement de mon père.

Votre mérite , Monsieur , en réunissant un si grand nombre de documens historiques sur un pays malheureusement si peu connu , et rehaussé par les fatigues et les peines qu'ont dû vous causer des recherches longues et pénibles ; mais, comme vous le dites fort bien dans votre introduction , un écrivain est amplement dédommagé de ses peines si le fruit de ses travaux devient utile et obtient la seule récompense dont son cœur puisse être flatté.

Si mon estime et ma reconnaissance particulière pouvaient ajouter quelque chose à ce bien que vous recherchez, je vous en donne ici la plus complète assurance.

Recevez, Monsieur , l'assurance de ma considération la plus distinguée.   Signé , FAUCHÉ.

M. le Chevalier de Caupenne nous écrivait de Dax , le 13 août 1831 :

Mon cher Monsieur, lors de mon dernier voyage à Tartas , je vous promis de vous envoyer quelques renseignemens sur le pays. Vous étant donné la peine de faire un recueil de toutes les anciennetés et anecdotes du pays , il serait convenable que toutes les personnes qui ont des documens sur les antiquités et coutumes qui régissaient ces provinces , s'empressassent de vous envoyer tout ce qu'elles ont en leur pouvoir pour confectionner le grand travail que vous avez entrepris, et dont nos successeurs vous devront une éternelle reconnaissance.

Recevez, mon cher Monsieur , l'assurance de mon sincère attachement avec lequel j'ai l'honneur d'être , votre très-humble et très-obéissant serviteur.

                    Signé , le Chevalier DE CAUPENNE.

M. le Comte Roger Ducos, ancien colonel des dragons , nous écrivait de Dax , le 13 octobre 1836 :

Monsieur , j'ai reçu la lettre que vous m'avez fait l'honneur de m'écrire ; j'avais également reçu votre Guide Pittoresque du Voyageur dans le département des Landes , dont la lecture m'a fait le plus grand plaisir.

Recevez, Monsieur, la nouvelle expression de ma très par-faite considération.   Signé , ROGER DUCOS.

M. le Vicomte de Vidart, ancien membre du Conseil général des Landes, nous écrivait le 17 octobre 1836 :

J'ai trouvé le temps de lire le Guide Pittoresque ; cette lecture m'a fait un très-grand plaisir et je pense que la publication de cet ouvrage ou du moins son insertion par extrait dans le *Journal des Landes*, pourrait être fort utile.

Une chose surtout m'a étonné, c'est le sommaire que j'ai trouvé en tête de votre manuscrit, contenant la note de soixante-dix ouvrages (plus 352 esquisses de notices historiques des communes), que vous avez composé sur le département des Landes ; peu de personnes peuvent se vanter d'en avoir fait autant pour leur pays.

Veuillez, Monsieur, recevoir avec l'expression de ma haute estime pour de si nombreux travaux, l'assurance de la parfaite considération avec laquelle je suis votre très-humble et très-obéissant serviteur. Signé, Vte. de VIDART.

M. Ramonbordes nous écrivait de Dax, le 30 avril 1835 :
Mon cher Monsieur,

Vos observations sur ce que notre département offre de ressources pour l'assainissement de l'air et pour les entreprises agricoles, industrielles et commerciales, secondées par le gouvernement qui ne s'en occupe pas, me paraissent justes autant que je puis juger.

Je suis avec des sentimens affectueux, mon cher Monsieur, votre dévoué compatriote. Signé, RAMONBORDES.

Paris, le 19 novembre 1831.

Le Président du Conseil d'Administration, directeur-général des travaux, à Monsieur SAINTOURENS, *géomètre expert, membre de l'Académie.*

44.
Projet de loi.

Monsieur et honorable collègue,

Vous servez si honorablement l'académie que le comité permanent.................

Nous voyons tous avec grand plaisir les honorables démarches que vous faites pour parvenir à l'amélioration si désirable de votre intéressant département ; plaise à Dieu que vous réussissiez. Si nous étions puissants nous vous aiderions ; nous ne le pouvons pas encore ; mais ne pouvant guère manquer de le devenir. C'est alors que nous serons heureux de joindre notre voix à la vôtre.

Je suis avec une véritable estime, Monsieur, votre très-humble, etc. , collègue. Signé , Cézar MOREAU.

M. Gustave Toupiolle , ortinologiste, secrétaire de la société Linnéenne de Bordeaux , nous écrivait le 6 décembre 1836 :

Projet de loi pour vivifier les Landes.

La société Linnéenne avait le mémoire sur les Landes, que vous m'aviez confié, c'est pourquoi j'ai été privé de vous le retourner plus promptement ; M. Latterade qui l'avait communiqué à la société se joint à moi pour vous féliciter sur cet intéressant et utile ouvrage qui a dû vous coûter bien du mal sous tous les rapports. La société a aussi trouvé votre ouvrage parfait.

Agréez , Monsieur, mes salutations respectueuses et sincères.
Signé , Gustave TOUPIOLLE.

Société Royale et centrale d'Agriculture de Paris.

Paris, le 4 août 1839.

Monsieur ,

J'ai remis à la société Royale et centrale d'Agriculture de Paris, le projet de loi pour vivifier les grandes Landes, que vous m'avez fait passer par le couvert du ministre. Il a été remis à une commission qui n'a encore pu faire son rapport mais auquel je ferais la demande à la prochaine séance. (Nous ne l'avons pas reçu.)

J'ai l'honneur d'être , Monsieur, avec les sentimens les plus distingués , votre très-humble, etc.
Signé , HERICART-DE-THURY.

Le docteur Thore , naturaliste à Dax , (la cruelle mort l'a enlevé à ses nombreux amis et au département) , nous écrivait :

J'ai reçu hier et je vous remercie bien de m'avoir adressé votre opuscule sur l'amélioration des Landes ; je désire, dans le bien de tous, que vos conseils soient goûtés.

Recevez mes remercimens.

Extrait dudit mémoire a été publié dans l'Agriculture de Bordeaux, juin 1841.

M. le Sous-préfet de St.-Sever nous écrivait le 28 mai 1841 :

Monsieur,

J'ai lu avec beaucoup d'intérêt les deux mémoires sur le département des Landes (dialogue français et projet de loi), que vous m'avez fait l'honneur de me communiquer. Ils renferment des aperçus vrais, des vues utiles, et il serait bien à désirer pour la prospérité de cette contrée et le bien-être de ses habitans que vos conseils, en ce qui touche le défrichement des landes et le dessèchement des marais, fussent compris des populations.

Tel est aussi le but, soyez-en sûr, que se propose l'administration et vers lequel ne cesseront de tendre tous ses efforts. Malheureusement son action en ceci est fort restreinte ; elle n'a d'autre moyen de vaincre les résistances que son influence morale, et vous sentez dès lors que son œuvre devient celle de la civilisation et du temps.

Veuillez, Monsieur, agréer l'expression de mes sincères remercimens et l'assurance de ma considération distinguée.

Le sous-préfet de Saint-Sever,

Signé E.-D. D'ESTAMPES.

Société d'encouragement pour l'industrie Nationale.

Le secrétaire de la Société, à M. SAINTOURENS, membre de plusieurs Sociétés savantes.

Monsieur,

La Société a reçu, dans sa séance du 14 de ce mois, par la voie du Ministère, les échantillons et les pièces relatives à deux éducations de vers à soie, produit de l'année 1837.

J'ai l'honneur, Monsieur, de vous offrir les remercimens de la Société pour cette communication, et de vous prévenir qu'elle a renvoyé à l'examen de son comité d'agriculture, qu'elle a nommé pour rapporteur M. Soulange-Bodin, rue du Mont-Blanc, 14.

Je m'empresserai de vous faire connaître le résultat de cet

examen (nous ne l'avons pas reçu).

Agréez, Monsieur, l'assurance de ma considération distinguée.

Signé B. de GÉRANDO.

Paris, le 25 Juin 1838.

Le Directeur-général de l'Académie de l'Industrie Agricole, Manufacturière et Commerciale, à M. Saintourens, homme de lettres.

Monsieur,

Sur le rapport du Comité d'Agriculture, approuvé par la Commission Supérieure, il vous a été voté une médaille d'honneur, en argent. 3.e médaille d'honneur pour la 2.e éducation des vers à soie

Cette médaille vous sera décernée dans l'assemblée générale qui aura lieu à l'hôtel-de-ville de Paris, salle Saint-Jean, le 30 Juin 1838, à 7 heures et demie du soir.

Je me félicite de vous annoncer cette décision et vous prie d'agréer l'assurance de ma haute considération.

Le Président du Conseil d'administration.

Signé Cézar MOREAU.

RÉSUMÉ.

M. Deschamps, Inspecteur-général des ponts et chaussées, auteur des ponts de Bordeaux et de Libourne, si haut renommés, nous écrivait de Bordeaux, le 11 septembre 1830 :

« Vous ne devez pas, mon cher Monsieur, être surpris de n'avoir pas reçu de réponse à la dernière lettre que par la votre d'hier, 10 du courant, m'avoir écrite en y joignant différentes notes. Cette première ne m'est pas parvenue et je ne sais à qui vous l'avez remise. Mais moi j'avais depuis long-temps à vous écrire pour vous renvoyer la collection de vos ouvrages que vous avez eu la complaisance de me confier et que j'ai lu avec intérêt ; je vous en fais mes remercîmens et je les remets aujourd'hui à M. votre fils pour vous le faire repasser.

» Je remets également à M. votre fils deux exemplaires de la gravure des ponts de Bordeaux et Libourne.

» Recevez, Monsieur, le témoignage de l'estime et de la considération avec lesquelles j'ai l'honneur, mon cher Monsieur, de vous saluer de tout mon cœur.

» Signé DESCHAMPS,

» *Inspecteur-général des ponts et chaussées.* »

Libéralisme. Ce ne sont pas les opinions politiques qui forment seules le libéralisme.................................. en effet, ne sont réellement libéraux que les hommes qui consacrent leur temps, leur fortune aux travaux de l'intelligence, à ceux d'utilité publique et à la prospérité de la patrie.

Ces hommes sont malheureusement rares dans le département des Landes...

Le désintéressement, la modestie, le travail, les peines, les souffrances physiques éprouvées pour le triomphe des doctrines morales et philosophiques, sont les seules qualités qui constituent un homme libéral.

Eh bien! un de ces hommes rares, qui possède une partie de ces qualités, existe dans une petite ville du département des Landes, et le signaler, nous a paru bientôt un devoir.

Nous voulons parler de M. Saintourens, de Tartas, qui depuis quarante ans, sans rétribution aucune, sans l'ambition de la moindre récompense, met sa gloire et consume sa vie à la découverte de tout ce qui peut être utile à son pays.

On ne pourrait jamais se faire une idée, si on n'en avait l'assurance, des nombreux ouvrages imprimés ou inédits dont il est l'auteur. En portant le nombre de . . s opuscules à 450, nous sommes peut-être au-dessous de la vérité.

Les ouvrages de cet estimable et laborieux concitoyen, membre de plusieurs Sociétés savantes, ont été en partie honorés des suffrages des hommes les plus éclairés, entre autres : MM. Boscq, Dupin (Ch.), Fourrier, Héricart-de-Tury, Girardin (E.), Guizot, Martignac, Noguès, Perrier (Cazimir), Sylvestre, Vilmorin, et dans le département, des premiers administrateurs, du lieutenant-général Lamarque, de M. le comte de Poudenx, M. Grateloup, savant minéralogiste, de MM. les jurisconsultes Duboscq, Basquiat-de-Mugriet, Geoffroy, Ramonbordes, Soubiran, ont toujours encouragé ses travaux.

Le cabinet de M. Saintourens sera le plus recherché et le plus apprécié dans quelques années qu'il ne l'est aujourd'hui.

Je prédis à l'administration départementale qu'elle sera un jour jalouse de l'avoir à sa disposition, car tous les matériaux qu'il contient pourront lui être plus tard d'une grande utilité.

(*Extrait du Journal des Landes du 13 octobre 1835. J.-B.*)

M. l'abbé Tuquoy, prêtre, desservant la commune de Car-carès et Ste.-Croix, nous écrivait le 6 juin 1836 :

« Monsieur, j'ai lu avec plaisir, mais non sans peine, à raison de la faiblesse de ma vue, l'admirable travail de vos observations sur les différens objets que vous y traitez.

» Animé du noble motif qui dirige votre plume (le bien public), je désire que vous puissiez atteindre le but que vous vous proposez. Mais il est tant d'obstacles qui s'y opposent, que je crains que vous ne puissiez les vaincre. Quoiqu'il en soit, tous ceux qui vous liront seront forcés de rendre justice au motif qui vous anime, le bien public.

» Recevez mes remercimens et l'assurance du parfait dévouement avec lequel j'ai l'honneur d'être votre très-humble et très-obéissant serviteur. » Signé, TUQUOY, prêtre. »

M. Lasserre, officier de la légion-d'honneur, ancien chef d'escadron et aide-de-camp du maréchal Moncey, retraité, nous écrivait de St.-Sever, le 21 octobre 1836 :

« .... du retard que j'ai mis à vous renvoyer votre ouvrage..............

» Je vous renouvelle le regret que j'ai de vous voir garder en portefeuille des ouvrages si intéressans pour notre département.

» J'ai l'honneur de vous saluer.
» Signé, M. LASSERRE. »

M. Geoffroy, déjà cité, nous écrivait de Cassen, le 6 janvier 1840 :

« Il y a, Mon cher Monsieur, des gens qui disent la vérité et auxquels on ne croit pas ; ce n'est pas d'aujourd'hui qu'il en est ainsi ; la calende des grecs montrait l'avenir aux aveugles.

» Votre ouvrage est plein de bonnes et excellentes choses ; mais qu'en obtiendrez-vous ? rien, ou bien peu.

» Pour moi, je vous ai lu avec le plus grand plaisir ; d'autres feront comme moi et vous souhaiteront les succès que vous méritez.

» Agréez l'assurance de mes sentimens bien affectueux.
» Signé, GEOFFROY. »

Nous terminerons ces analyses rapides en disant que ce pays est encore bien loin de ce qu'il doit être ; que la civilisation y fait des progrès lents, mais sûrs, qui le placeront bientôt à son rang.

Nous le répétons : Napoléon a dit :
« Que la plus belle préfecture de l'Empire était celle des
» Landes. »

Car le landais, insouciant aujourd'hui pour le travail de l'industrie, s'y attachera fortement quand il saura l'apprécier.

L'excellent gibier de terre et d'eau dont le pays abonde, le poisson de la mer, de ses étangs et de ses rivières, ses cochons des bois, ses moutons, ses lièvres, ses bécasses, ses perdrix, ses palombes, ses tourterelles, ses cailles, ses ortholans, ses oies, ses canetons, ses jambons, son vin de sable si justement renommés, ont placé la Lande presque au niveau de la Chalosse dans l'esprit gastronomique.

Traversez l'Adour, la scène change par enchantement : des vallées, des plaines d'une rare fertilité, des côteaux couverts de vignes, d'arbres fruitiers, des habitations riantes, un peuple généralement vêtu d'étoffes d'une propreté remarquable, une constitution très forte et d'un robuste tempérament, ont généralement de l'intelligence, de l'esprit naturel et un jugement sain. Ils cultivent les lettres et les arts. Partout le sol étale la richesse et justifie l'observation Darthus-Yone, qui cite ce terrain comme le mieux cultivé de tous ceux qu'il a parcouru dans ses voyages agronomiques. Ce superbe pays, situé sur la rive gauche, on peut l'appeler le *Piémont des Pyrénées.*

Le département des Landes possède quelques voies romaines.

Les monumens *druidiques* sont rares dans le département ; néanmoins on y trouve quatre dolmens (autels ou temples) peu remarquables et quelques tumulus datant de l'époque des Gaulois ; les habitans de Mimizan seuls ont conservé dans leurs mœurs quelques souvenirs de cette époque.

On voit avec effroi la mer, où les vagues, poussées par un vent nord-ouest, se déploient et se multiplient avec une force puissance qu'il est impossible de calculer.

Le plus intrépide matelot ne passe jamais sans implorer la pitié du Très-Haut devant les plages du département des Landes.

Ainsi, l'industriel, l'agronome, le géologue, le minéralogiste, le botaniste, l'amateur d'histoire naturelle, le chasseur, le peintre, surtout l'archéologue trouveront amplement de quoi satisfaire leurs goûts. Si l'on y ajoute des bois silencieux, des bruyères odorantes, des arbres curieux, des plantes curieuses, des fontaines sacrées et salutaires, des rives solitaires, une plage unie de sable, un pays accidenté, des souvenirs historiques, un peuple simple et une langue primitive, on sera forcé de convenir que ce département vaut bien la peine d'être visité, étudié, et que le voyageur va souvent chercher au loin ce qu'il pourrait trouver à sa porte : un grand spectacle et des émotions fortes.

FIN.

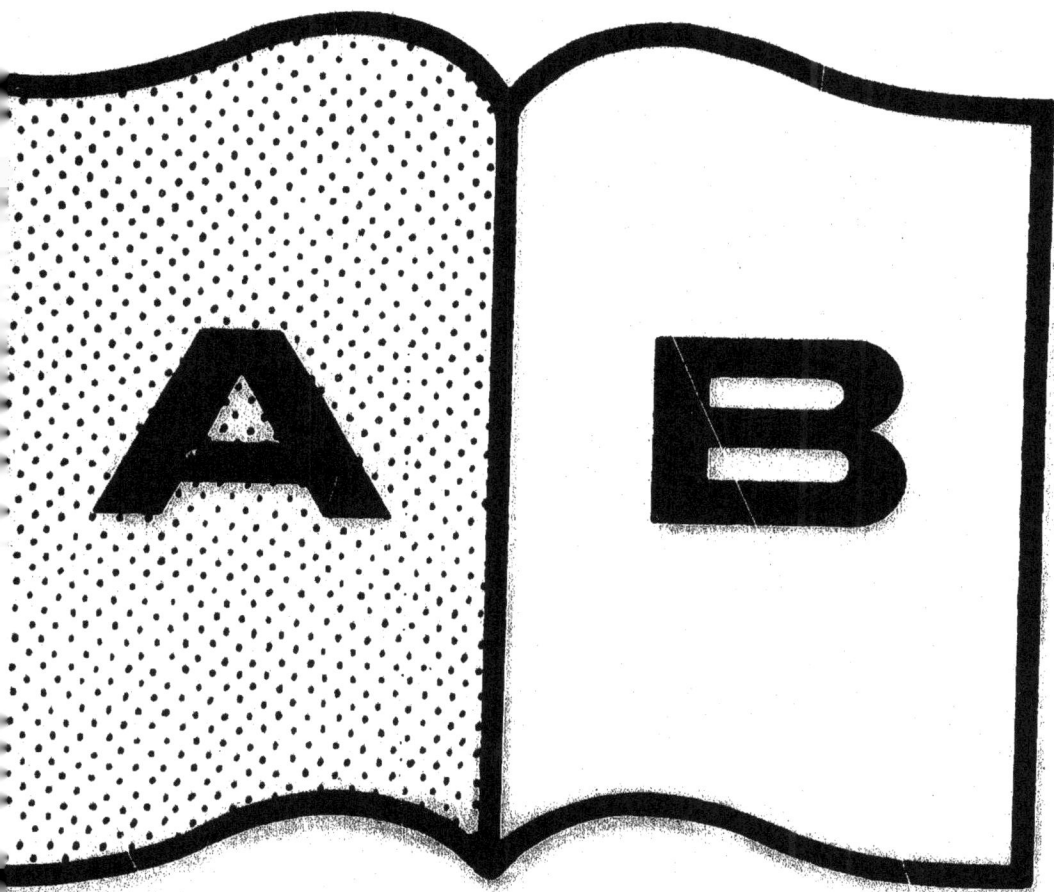

Contraste insuffisant

NF Z 43-120-14

www.ingramcontent.com/pod-product-compliance
Lightning Source LLC
Chambersburg PA
CBHW071209200326
41519CB00018B/5445